真珠と大航海時代

「海の宝石」の産業とグローバル市場

山田篤美
Atsumi Yamada

山川出版社

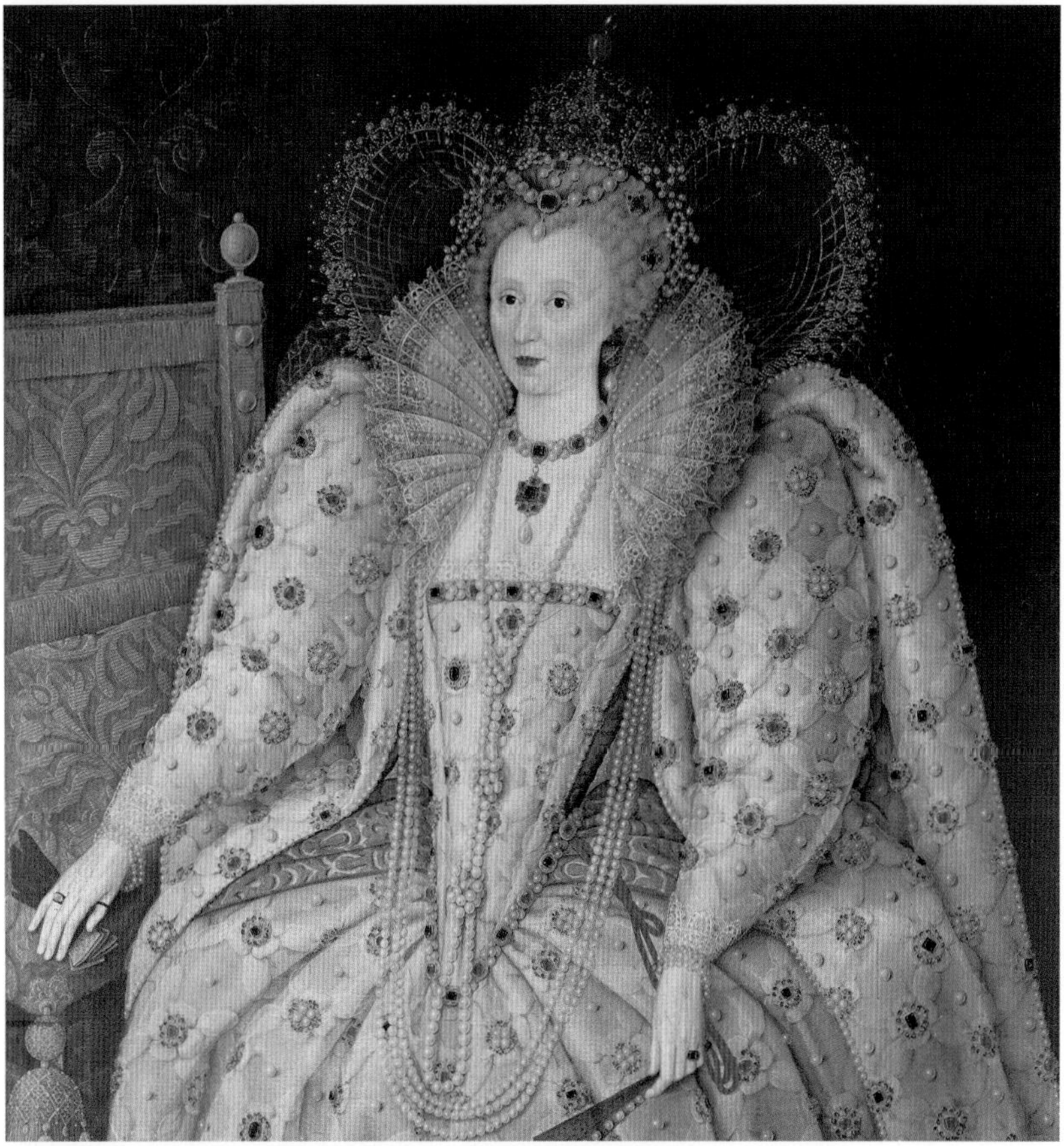

口絵①　エリザベス１世の肖像画（1592〜1600年ごろ、パラティーナ美術館蔵）　→ pp. 3, 231

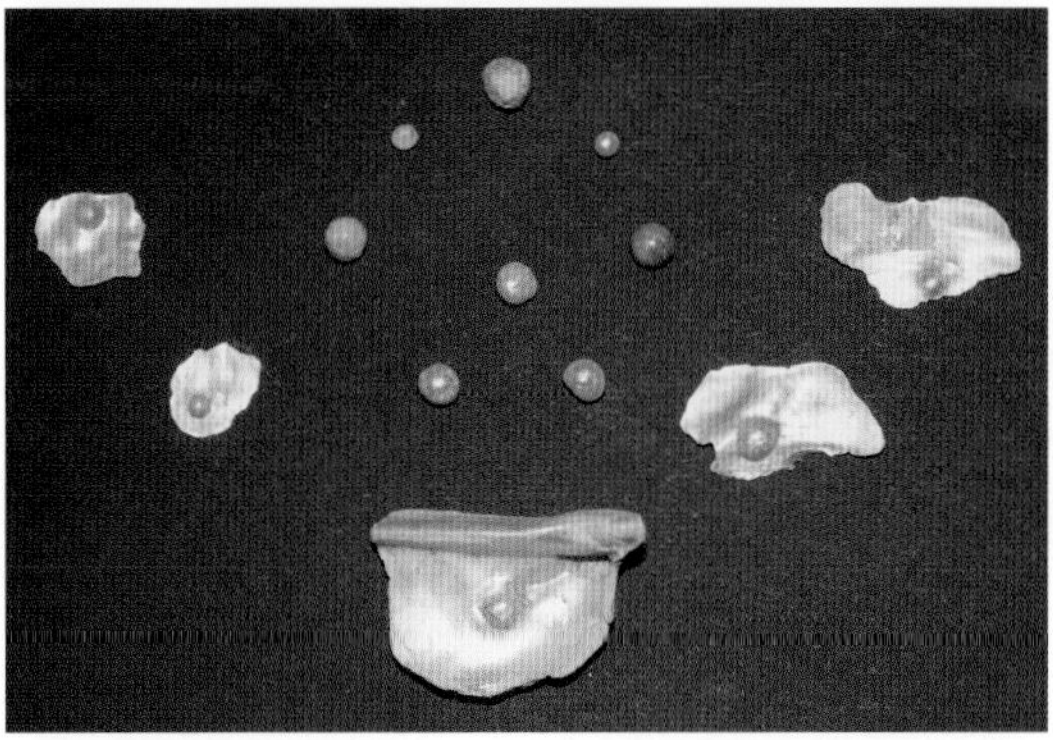

口絵②　日本最古のアコヤ真珠
縄文後期（4500〜3300年前）。球形の真珠は２〜５ミリ台、現在も透明感のある輝きが残っている。
（鹿児島市教育委員会蔵、鹿児島市立ふるさと考古歴史館写真提供）　→ p. 15

口絵③　ヤン・ファン・エイク「宰相ロラン の 聖 母」(部分、左 は 拡 大 図)(1435年、ルーヴル美術館蔵)　→ p. 15

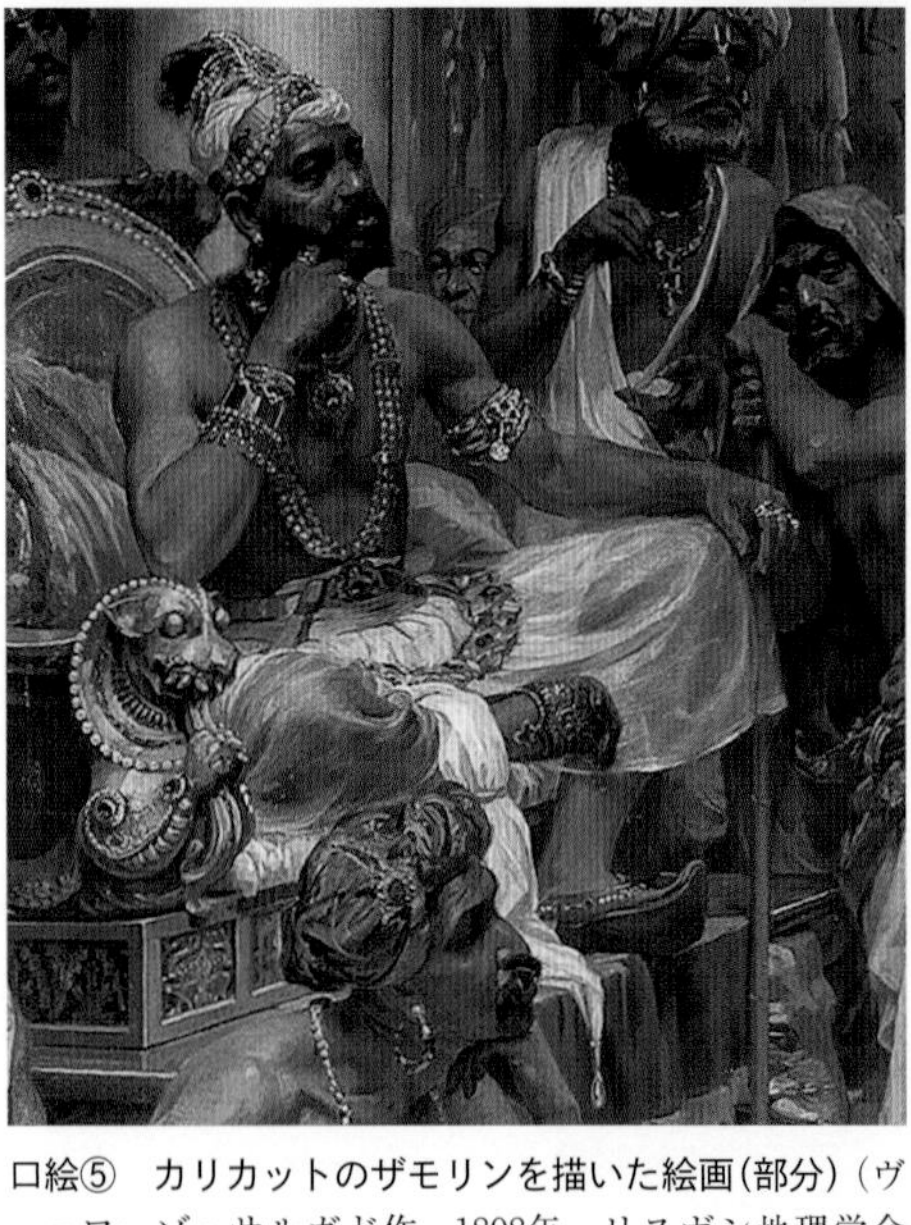

口絵⑤　カリカットのザモリンを描いた絵画(部分)(ヴェローゾ・サルガド作、1898年、リスボン地理学会蔵)　→ pp. 142, 146

口絵④　カージャール朝のキーアーニー王冠(1797年、イラン・イスラーム共和国中央銀行蔵)　→ p. 28

口絵⑥　エリザベス１世の「アルマダ肖像画」　背後の絵にはスペインの無敵艦隊との海戦が描かれ、女王の手は地球儀のパナマ地峡付近におかれている。（1588年ごろ、ウォバーン・アビー蔵）

→ p. 190

口絵⑩　スペイン王女イサベル・クララ・エウヘニアの肖像画(部分)（1579年、プラド美術館蔵）　→ p. 226

口絵⑦　明万暦帝孝靖妃像（1582～1611年、国立故宮博物院蔵）

→ p. 199

口絵⑨　フランス王妃カトリーヌ・ド・メディシスの肖像画（部分）（1547～1559年、パラティーナ美術館蔵）　→ p. 228

口絵⑪　サー・ウォルター・ローリーの肖像画（1588年、ナショナル・ポートレート・ギャラリー蔵）　→ p. 231

口絵⑩　メディチ家侯女イザベッラ・デ・メディチの肖像画（1558年、パラティーナ美術館蔵）　→ p. 230

真珠と大航海時代——「海の宝石」の産業とグローバル市場——　目次

【凡例】

一次文献を筆者が訳したものは、その旨を記していない。邦訳を直接引用した場合は、翻訳者名を記し、翻訳者による補足は［　］で示している。筆者が補った場合は（　）で示している。

真珠と大航海時代

――「海の宝石」の産業とグローバル市場――

序章

一六世紀のイングランドのエリザベス一世は、真珠を愛好した女王として有名である。たとえばフィレンツェのパラティーナ美術館にある肖像画(口絵①)では、女王は真珠の髪飾りをつけ、真珠のロングネックレスを何連もかけ、真珠やダイヤモンド、ルビーなどの宝石をちりばめた豪華なドレスを着用している。扇子にまで真珠がはめ込まれている。彼女の真珠へのこだわりは肖像画が雄弁に語っているといえるだろう。この肖像画は女王が五九歳または六〇歳代の時期のものであるが、彼女を年相応に描いたのかどうかは疑問が残る。

エリザベス一世には真珠を女王の神聖さや権威の象徴にする意図もあったと思われるが、真珠を多用するファッションは、一六世紀という時代の反映でもあった。この時代には真珠の髪飾りやブローチ、イヤリング、真珠のネックレスやブレスレット、真珠を使ったチェーンなど、女性用、男性用を問わず、さまざまな真珠ジュエリーが制作され、真珠の刺繍《ししゅう》が施された正装用の衣装やドレスが作られた。ベルトや靴などの身の回りの品々や調度品にも真珠が使われた。

実際、この時代のヨーロッパの肖像画を見ると、華麗な真珠ファッションで装《よそお》った人物像が少な

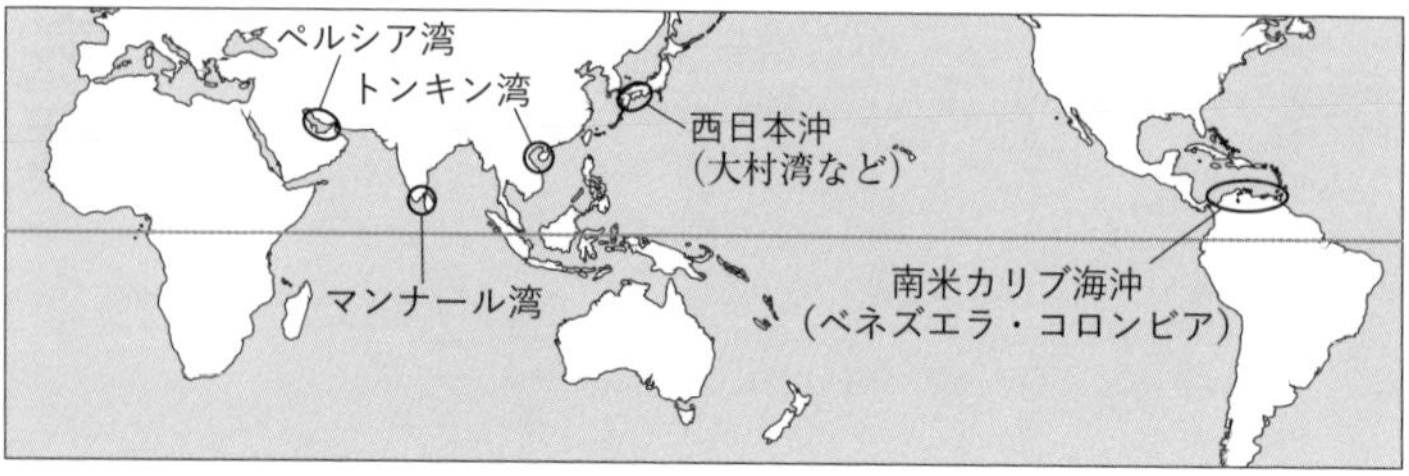

図１　天然真珠時代のアコヤ真珠の五大産地

くない。当時、真珠フィーバーが起こっていたことが示されている。真珠史研究の不朽の名著『ザ・ブック・オブ・ザ・パール』（一九〇八年）の著者G・F・クンツらは、一六世紀は「真珠の時代《パール・エイジ》」と呼ぶことができると述べている。[1]

　ではなぜ一六世紀は「真珠の時代」となったのだろう。

それは大航海時代のヨーロッパの対外拡張と無縁ではなかった。一四九二年以降、スペイン勢力はカリブ海の島々や南米大陸に向かい、ベネズエラやコロンビアを彼らの版図に加えていった。ポルトガル勢力はインド洋世界に進出し、ペルシア湾の島々やインドとスリランカの間にあるマンナール湾の沿岸部を支配するようになった。実はベネズエラ・コロンビア沖、ペルシア湾、マンナール湾は真珠の大産地であった。正確にいうと、「アコヤ真珠」の大産地だった。一六世紀になると、スペイン勢力とポルトガル勢力はそれぞれ新旧世界のアコヤ真珠の大産地を支配下におくようになったのである。

　天然真珠にはさまざまな種類があるが、人類史において真珠の正統となってきたのが、アコヤ真珠だった。ウグイスガイ科ピンクターダ属のアコヤ真珠貝からとれる真珠で、白色と黄色があり、丸く強い光沢をも

表1　アコヤ真珠貝の従来の学名

場所	学名
ペルシア湾	*Pinctada radiata*（Leach 1814）
マンナール湾	*Pinctada radiata* または *Pinctada fucata*（Gould 1850）
トンキン湾	*Pinctada fucata*
西日本沖	*Pinctada martensii*（Dunker 1872）から *Pinctada fucata* へ
南米カリブ海沖	*Pinctada imbricata*（Röding 1798）

つのが特徴である。[2] 真珠は白の方が好まれる傾向が強かった。[3] このアコヤ真珠の大産地と呼べる海域は、地球上に五つほどしか存在しなかった。先述したベネズエラ・コロンビアのカリブ海、ペルシア湾、マンナール湾のほか、中国南部のトンキン湾、大村湾などの西日本沖である（図1）。中規模の産地としては紅海やアフリカ東海岸沖などがあった。

これらの海域の真珠貝はそれぞれ固有種だと考えられ、別の名称で呼ばれてきた。しかし、近年のDNA解析の進歩によって、多くの水産学者がそれらの真珠貝はほぼ同種ではないかと考えるようになっている。[4] 名称は「アコヤ真珠貝」（アコヤ・パール・オイスター）に統一し、学名はそれぞれの固有種の学名（表1）を合体して、*pinctada fucata/ martensii/ radiata/ imbricata* species complex と呼ぶことなども提唱されている。[5] 本書はこうした水産学的知見や提唱を取り入れたものである。ベネズエラ・コロンビア沖やペルシア湾、マンナール湾などの真珠貝は「アコヤ真珠貝」と呼ぶ。ただ、日本の真珠貝は、日本人によく知られている「アコヤガイ」と呼ぶことにしよう。

話を一六世紀に戻すと、この時代、スペインとポルトガルのヨーロッパ勢力は、地球上に五つしかないアコヤ真珠の大産地のうちの三つを支

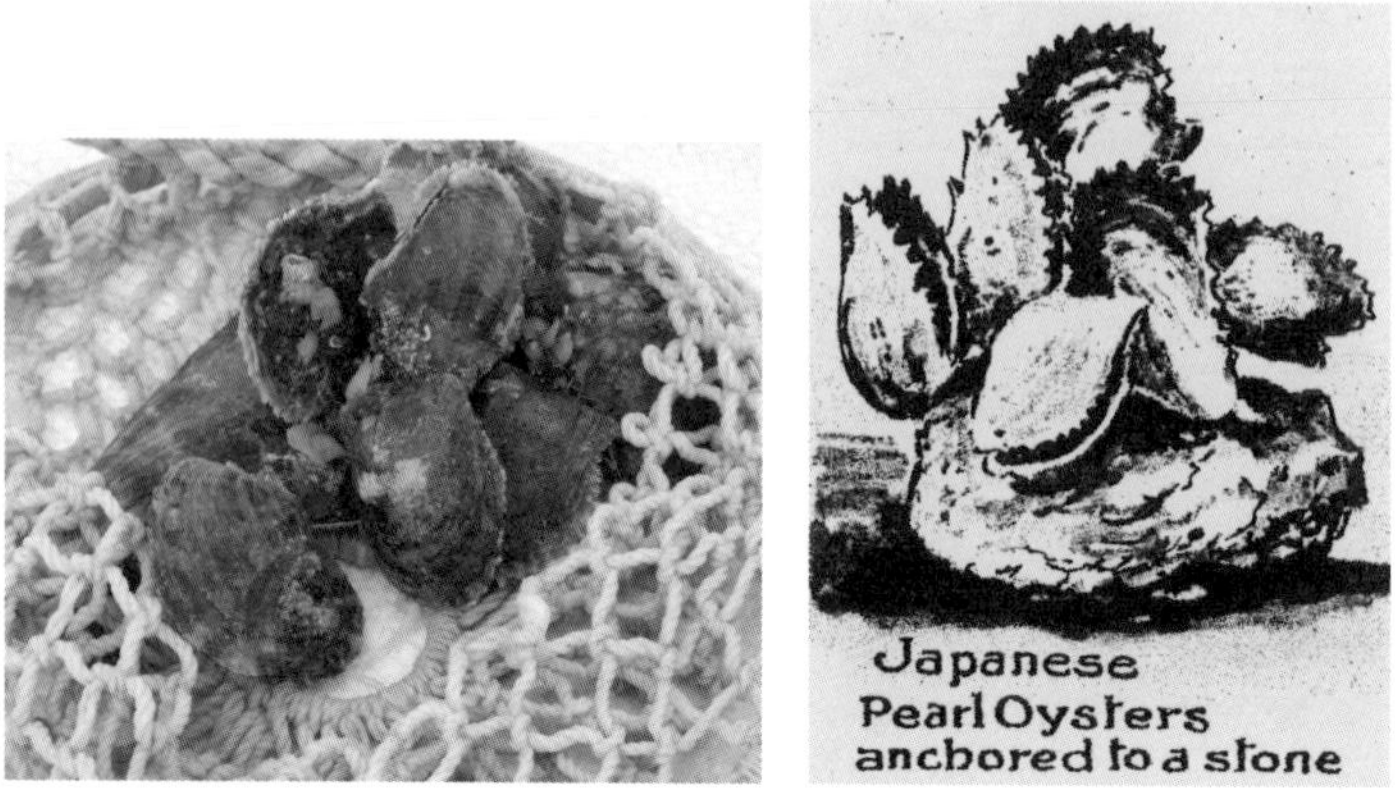

図2　日本のアコヤガイ(右)とペルシア湾のアコヤ真珠貝(左)
(右：*The Illustrated London News*, 14 May 1921より／左：筆者撮影)

配するようになったのである。一六世紀は、アメリカおよびペルシア・インド世界の真珠がヨーロッパにもたらされ、王侯貴族や富裕な商人たちが新旧世界の大量の真珠を享受した史上初の時代だった。

ヨーロッパによる真珠の大産地の掌握と華やかな真珠文化の誕生を関連させることは、一見難しくはないように思われるかもしれない。しかし、真珠の生産、流通の考察はそう簡単な作業ではない。スペイン人もポルトガル人も、当初は現地人との物々交換や略奪などによって真珠を獲得しただろう。ただ、そうした行為は長くは続かない。では彼らはどのように真珠を継続して入手するようになったのだろうか。

スペイン人やポルトガル人は、みずから真珠採取という水産業に乗り出したのだろうか。従来の歴史研究では一六世紀の南米やインド洋世界におけるヨーロッパ人の水産業といったテーマはほとんど論じられてこなかった。もしそれらの地域でヨーロッパ人が水産業者となる真珠採取業が誕生していたのならば、彼らは潜水労働力をどう調達したのだろう。アコヤ真珠貝はアサリやハマグリのように砂浜でとれる貝ではない。海底の岩礁などに足糸で付着している貝であり、貝をとるには海の底まで潜る必要があった(図2)。スペイン人やポルトガル人たちは自分たちで潜水労働を行ったのだろうか。それとも現地住民やほかの地域の住民を潜水労働に投入したのだろうか。ヨーロッパ人による真珠の産地支配によって、真珠の生産や流通には何か変化が生じただろうか。

このようにヨーロッパの肖像画に描かれた真珠のドレスの背後には、解明されなければならない真珠の生産や流通の問題が控えている。特定のモノの生産、加工、流通、消費にいたる過程と、それにかかわる人々や社会の様相を解明しようとする手法は、歴史研究では「商品連鎖《コモディティ・チェーン》」分析と呼ばれている。[6] 本書はそうした手法を取り入れ、一次文献に基づいた真珠のグローバルヒストリーである。具体的には、ベネズエラ・コロンビアの南米カリブ海、ペルシア湾、マンナール湾というアコヤ真珠の大産地を取り上げ、さらにポルトガルがアジアに作った真珠市場ゴアも考察する。それによってヨーロッパ人の真珠への憧れや彼らの真珠の産地への進出が、海を舞台にする水産業にどのような影響をもたらし、世界史にどのような変化を与えたのかを見ていきたい。

1　真珠に関する歴史研究の動向

歴史研究で見過ごされてきた真珠

真珠は人類最古の宝石の一つであった。ダイヤモンドなどの宝石は、カットや研磨など人の手を加えて輝き出すが、真珠は貝からとり出した時から強く輝く真ん丸の珠《たま》だった。古代の人々はそうした珠を見れば、驚き、畏敬の念をもって大切にしただろう。1章で見るように、アジア社会では真珠は金と交換される高価で貴重な品であった。

真珠が高価な品であるならば、真珠を生み出す海域は、汲《く》めども尽きぬ富の源泉だったはずである。鉱物の鉱山はいずれ枯渇するが、海域は、乱獲を除くと、サステナビリティがある。真珠の海の沿岸部に暮らす人々や政治勢力などが、富の獲得場所として真珠漁場の領有権や海域の制海権を主張してきたことは想像に難くない。

それにもかかわらず、真珠は世界史や海域史など、歴史研究のさまざまな分野で看過されてきた。その傾向は大航海時代の歴史研究においても例外ではない。E・ウィリアムズ、I・ウォーラーステイン、K・N・チョードリー、A・ダス・グプタ、P・D・カーティン、M・N・ピアスン、A・リード、A・G・フランクなど、今日の広域俯瞰《ふかん》の歴史研究を牽引《けんいん》してきた著名な研究者たちの著作では、真珠はほとんど取り上げられていない。[7] ウォーラーステインは「人びとは何を求めて探検に出たのか。貴金属と香料、というのが教科書的な答えであるし、ある程度まではこれが正解でもある」(川北稔訳)と述べている。[8]

このように真珠が見過ごされてきたのには、おもに三つの理由が考えられる。

第一に、真珠という物品の特殊性だろう。真珠は高価で希少で小さなモノである。密輸、隠匿、過少申告が当たり前で、領収書を残さない現金決済もよく行われる。実証や数量化が難しい真珠や宝石の流通は概して歴史研究から抜け落ちることになった。また、ウォーラーステインの近代世界システム論などでは、小麦や材木などの基礎商品《ステイプル》や生活必需品こそが経済活動を牽引するという考え方が強く、真珠のような奢侈《しゃし》品の役割は過小評価されてきた。[9]

第二に、従来の歴史研究が一国史研究だったため、国と国との間の海域は研究対象にならず、漁場としての海の経済性や制海権問題などは見過ごされる傾向にあったからだろう。近年の海域史研究では海を移動の場とする海上交易や交易圏が着目されているが、海が生み出す水産資源についてはまだ十分に関心が示されていないように思われる。

第三に、日本の真珠養殖技術の発展が、真珠の大きさや出現率、漁場となる海域などを大きく変化させたことを、歴史研究者が十分認識してこなかったためだろう。まず真珠が宝石だったことが一般に忘れられ、天然の小さな真珠はあまり顧みられなくなった。天然真珠の時代には真珠がとれる海域は限られていたが、真珠養殖技術が真珠の生産可能な海域を拡げたために、人々はどこの海でも真珠がとれると考えるようになった。真珠の海の希少性や経済的重要性が理解されなくなり、その海をめぐる支配権争いも見過ごされてしまったのである。

さらに、これから本書で見ていくように、中世以降のヨーロッパ文献に現れる *aljofar*（アルジョーファル）という語がどういう真珠を指すのか、これまで十分考察されず、*aljofar* に関する真珠の情報は看過されてきたからである。

真珠史研究の流行の兆し

一方、真珠の重要性を認識して真珠史研究を行ってきた研究者たちも少なからず存在する。二〇世紀前半の研究者S・A・モスクは、南米北岸やパナマ湾などの真珠の歴史を考察し、「真珠採取は、新世界における初期のスペインの探検と入植に重要な経済的役割を果たした。真珠床（真珠貝生息地）の発見は例外なくスペイン人を引きつけ、植民化、真珠採取業の成立、交易の拡大をもたらした」と述べている。[10]

スペイン人研究者のE・オッテの『カリブ海の真珠』（一九七七年）とイギリス人研究者のR・A・ドンキンの『ビヨンド・プライス』（一九九八年）は筆者が考える真珠史研究の金字塔である。[11]オッテの研究は、一六世紀前半のベネズエラのクバグア島という小島で成立したスペイン人の真珠採取業の実態を明らかにした緻密なアーカイヴ研究である。ドンキンの研究は、古今東西の一次文献の徹底的な渉猟によって、古代・中世の真珠の生産、流通、利用の実態を論じたもので、近年の商品連鎖研究の先駆けといえるものである。日本では家島彦一や深見純生、佐々木達夫、保坂修司などが、真珠採取の意義、交易品や献上品としての真珠、近世・近代のペルシア湾の真珠について論じてきた。[12]

二〇一〇年代になると、欧米やオーストラリアの一部の歴史研究者の間で真珠史や宝石史への関心が高まるようになった。その要因の一つは、おそらく先述のドンキンの研究だと思われる。彼の研究は真珠のもつグローバルな性質を明らかにしたが、それは二一世紀に盛んになったグローバルヒストリーの研究課題に適していた。R・カーターやM・A・ウォルシュなど、グローバルな観点からペルシア湾やカリブ海の真珠史を扱う研究者も現れている。[13] ただ、彼らの研究には真珠の種類や特徴、真珠採取の実態についての誤認も散見され、その主張に筆者が同意できない箇所も少なくない。二〇一九年には近現代のインド洋世界の真珠および真珠貝採取の歴史を扱った『パールズ、ピープル、パワー』という論文集が出版された。[14]

筆者自身は、二〇〇八年の『黄金郷《エルドラド》伝説――スペインとイギリスの探険帝国主義』(中公新書)でベネズエラの真珠をめぐる狂騒を紹介したことで、真珠の歴史的意義を認識するようになった。二〇一三年には『真珠の世界史――富と野望の五千年』(中公新書)を上梓した。さらに『真珠と一六世紀ヨーロッパの対外拡張――真珠のコモディティ・チェーンからの考察』という博士論文を執筆し、二〇二一年に大阪大学から博士号(文学)を授与された。本書は、多くの読者に真珠の歴史を知ってもらいたいという思いから、この博士論文を書き直し、一部加筆したものである。

本書には二つの特徴がある。一つは最新の水産学的知見を取り入れ、アコヤ真珠とその海域を重要視していることである。従来の歴史研究は真珠を「真珠」として扱い、どの海域でどのような真珠がとれるのかということに十分関心を示してこなかったが、本書は南米カリブ海、ペルシア湾、マンナール湾などには同じアコヤ真珠貝が生息していたことに注目している。もう一つは、真珠の生産、流通、利用を論じるために、新たな概念や用語を提唱していることである。それらについては本章の後半で説明しよう。

2 なぜアコヤ真珠は重要なのか

商品としてのアコヤ真珠

アコヤ真珠は真珠の中でもとくに光沢が強く、きれいな球形となりやすい。天然のアコヤ真珠はそれほど大きくなかったが、出現率が高く、数量が多かった。この数量の多さによって真珠採取業は採算の合うものとなり、アコヤ真珠は商人が扱える商品(コモディティ)となった。アコヤ真珠はほかの真珠よりも経済的・商業的重要性が高かったのである。

アコヤ真珠の大きさと出現率

アコヤ真珠の大きさと出現率はどれくらいだったのだろうか。

それについて、筆者は「天然真珠の大きさと出現率についての考察――アコヤ真珠の場合」(二〇二一年)という論文を発表した。[15] アコヤ真珠の大きさについては、例外はあるものの、直径一ミリ

表2　4万5337個のアコヤガイから得られた真珠の重量、直径、数量

真珠1個の重量	0.14g以上	0.05g以上	0.02g以上	0.005g以上	0.001g以上	ドロダマ（黒い真珠）	合計
真珠の直径	4.7㎜以上	3.2㎜以上	2㎜台後半以上	1㎜台後半から2㎜台前半	1㎜前後		
真珠の数	7	35	263	1,204	10,562	70	12,141
総重量	1.71g	2.39g	5.36g	8.82g	12.12g	1.765g	32.165g

（『三重縣水産試験場事業成蹟　第一巻』の真珠貝調査報告に基づき筆者が作成）

前後から一〇ミリくらいまでが知られている。直径三〜六ミリくらいが商業的に標準として扱われる真珠であり、直径が五〜六ミリあれば一級品となり、それ以上は最上の真珠となった。

真珠の出現率については、大きさによって異なることを認識しよう。右記の論文で筆者がおもに使用したのが、『三重縣水産試験場事業成蹟』（一九〇五年）に収録されている三重県水産試験場の真珠貝調査報告だった。[16]この調査報告は天然のアコヤ真珠の出現率を知る上で興味深いので、その内容を簡単に説明しておこう。

調査報告は、三重県英虞《あご》湾の海域で採取した四万五三三七個の天然のアコヤガイからとれた真珠の個数を調べ、重量別に分けたものである。三〇〇八個の貝が真珠を含んでいて、真珠の総数は一万二一四五個であった。そのうち、一万二一四一個が分類されている。天然真珠時代、真珠は直径ではなく、重量で示されたため、調査報告でも重量表示となっている。重量表示を二〇世紀初めの換算表にしたがって直径になおしたのが表2である。[17]

この表で注目したいことは三つある。第一に、直径四・七ミリ以上が最大の真珠の範疇で、それが七個しかとれていないことである。

図3　73個の真珠を含むアコヤガイ（『動物学雑誌』1907年2月号）

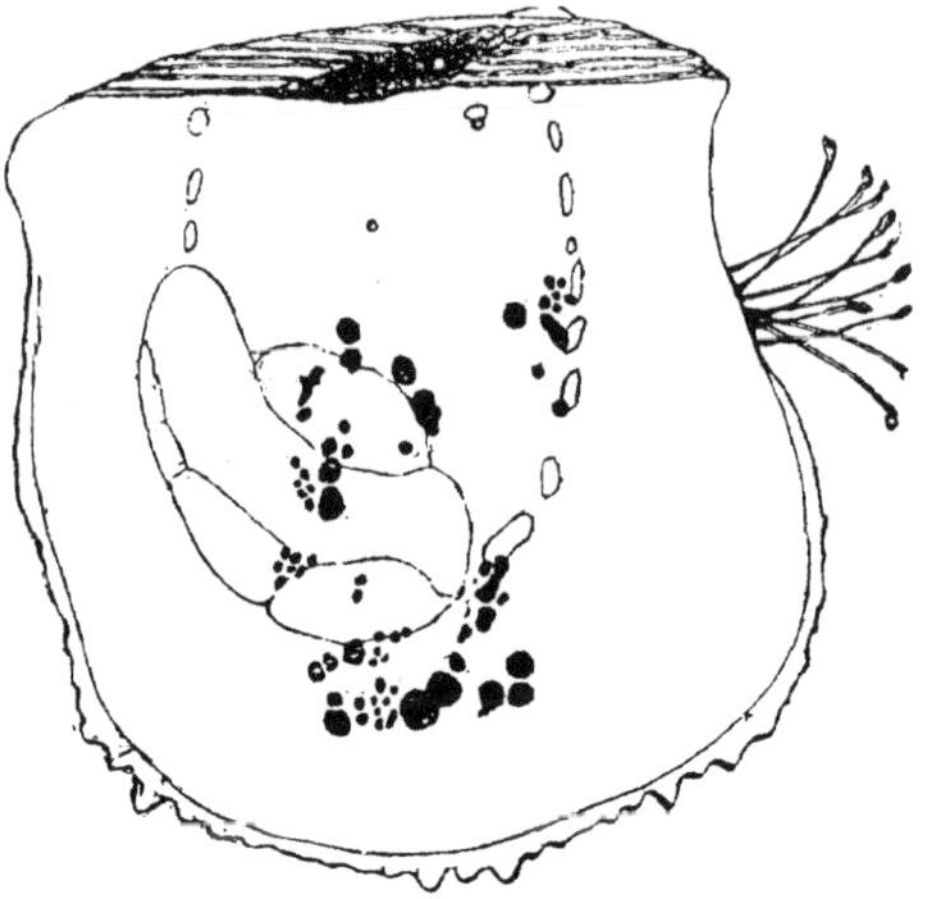

出現率は〇・〇一五パーセントである。
第二に、真珠は小さくなるほど、その量が増えていることである。真珠は大きさによって出現率が異なることがはっきりとわかる。
第三に、微細な真珠の量の多さである。重量わずか〇・〇〇一グラム、直径一ミリ前後。吹けば飛ぶような真珠が一万五六二個もとれている。その量も驚きであるが、それらが一個ずつ数えられたことも驚きだろう。天然真珠時代、微細な真珠も立派な「真珠」だった。日本では「ケシ真珠」や「砂ゲシ真珠」と呼ばれ、英語では「シード・パール」（種のような真珠）や「ダスト・パール」（ホコリのような真珠）と呼ばれた。微細な真珠の量が多いのは、そうした真珠は一つの貝に数個から数十個、場合によっては一〇〇個以上入っていることがあるからである（図3）。
筆者は、三重県水産試験場の真珠貝調査報告以外にもペルシア湾やマンナール湾などの真珠の出現率を示すような記録と照合したが、興味深いことに直径四・七ミリ以上の真珠の〇・〇一五パーセントの出現率ときわめて似た数値を得ることができた。[18] つまり、一級品となる真珠は、一万個の貝から一・五個とれた換算である。商業的に標準となる直径三ミリ以上の真珠は一万個の貝から二〜九個程度出現したようである。三重県水産試験場の調査報告に基づくと、直径一〜二ミリ台の真珠は一万個から二六五三個とれたことになる。

アコヤ真珠貝は海底で群生しているため、一シーズンに数百万から数千万個を採取することができた。[19] 天然のアコヤ真珠は小さくなるほど量が増えるので、多くの真珠を得ることができた。また、小さい真珠ほど光沢が強く、球形となる傾向が強かった。鹿児島県の草野貝塚からは日本最古の縄文後期のアコヤ真珠が出土している。直径二〜五ミリ台で、一部の真珠は球形を示し、四五〇〇〜三三〇〇年前にもかかわらず透明感のある強い光沢を保っている[20](口絵②)。そうした真珠はネックレスや連珠に適していた。その特徴がアコヤ真珠を真珠の正統にしたのである。ほかの種類の真珠はそもそも真珠貝の収穫量が限られており、真珠の出現率を計測できるほどの量がとれなかった。

一五世紀のフランドルの画家ヤン・ファン・エイクが制作した「宰相ロランの聖母」には真珠の宝冠や十字架、真珠が縫い込まれたドレスが描かれている(口絵③)。個々の真珠はそれほど大きくないが、その強い光沢が透明感をもって表現されている。筆者は、こうした小さな真珠がアコヤ真珠を象徴しているのではないかと思っている。

クロチョウ真珠

天然真珠時代、アコヤ真珠とともに人類に珍重されてきた海産真珠が、クロチョウガイの真珠である。クロチョウガイには、紅海やペルシア湾、オマーン湾をはじめ、タヒチなどの南太平洋にも生息するクロチョウガイ(*Pinctada margaritifera*)と、パナマ湾などの太平洋に生息するパナマクロチョウガイ(*Pinctada mazatlanica*)がある。どちらもウグイスガイ科ピンクターダ属に属し、殻高が一〇〜二〇センチくらいの大型の貝である。アコヤガイより深い海底に単独で生息するため、大量採取が難しい貝でもあった。

クロチョウ真珠は白色、鉛色、黒色などがあり、大粒の円形真珠やドロップ型の真珠、いびつな形のバロック真珠などがある。天然真珠が完璧な球形であるのは、直径一五・五ミリくらいまでのようである。[21] それを超えると球形は崩れ、ゆがみを生じながらも、真珠は大きく育っていく。クロチョウ真珠はこうしたタイプの真珠で、数センチもあるような歴史的に名高い真珠はクロチョウ真珠であることが多い。

大粒のクロチョウ真珠はそれほどとれないが、稀《まれ》にとれると天文学的高値がついた。ただ、そうした真珠は献上用の真珠となり、商品としては流通しなかった。クロチョウ真珠は、小粒だが量が多く商品となるアコヤ真珠と比べると、対照的な真珠だった。

シロチョウ真珠

シロチョウガイ（*Pinctada maxima*）は殻高三〇センチに達する世界最大の真珠貝で、ウグイスガイ科ピンクターダ属に属している。フィリピンからインドネシア、オーストラリアにいたる熱帯の比較的狭い海域におもに生息する。天然真珠時代、シロチョウ真珠は滅多にとれず、仮にとれたとしても、貝殻内面に付着した貝付き真珠である場合が多く、真珠の光沢はにぶかった。真珠よりもその厚みのある貝殻に商業的価値が見出された真珠貝であった。

淡水真珠

淡水産真珠貝は湖沼や河川に生息する真珠貝で、生息地は熱帯から寒帯にまでおよんでいる。種類があまりに多く、その真珠の商業的価値も低いため、今日でも淡水産真珠貝の全容は十分把握されていない。[22]実際、淡水真珠は皺《しわ》があったり、いびつだったり、品質の悪いものが少なくないが、そうした中で人類に愛好されてきたのが、カワシンジュガイ科（*Family margaritiferidae*）とイシガイ科（*Family unionidae*）の真珠であった。真珠光沢はピンクターダ属の真珠には劣るものの、意外と美しい真珠であった。

真珠には、海産と淡水産を含めて、ここで紹介した以外にも多くの種類が存在する。天然真珠時代では、アコヤ真珠とクロチョウ真珠を中心にさまざまな真珠が彩《いろどり》を添えて人々に供されてきたのである。

3　真珠の生産、流通、利用を知るための新たな概念

真珠産業考察の概念と用語

グローバルヒストリーの商品連鎖の研究では、カカオやコーヒーなど、農業生産による消費財が研究対象となることが多い。しかし、真珠は水産物であり、しかも消費されない資産性のある耐久財である。よって筆者は真珠に適合する新たな考察の概念や用語が必要と考える。W・G・クラレンス＝スミスの論考(二〇一九年)は近代の真珠の商品連鎖を流通を中心に論じているが、新たな概念は提唱されていない。[23] 以下は、筆者が執筆過程や真珠関係者からの情報提供などで構築した概念や用語である。

生産──「真珠生産圏」

真珠がとれる海があれば、その湾岸部に暮らす住民は、国境にかかわりなく、海が生み出す真珠を採取し、共通の漁撈《ぎょろう》文化を育んできたはずである。それゆえ真珠史研究では湾岸部の一カ所や一地域に焦点をあてるのではなく、海に面した各地で真珠採取が実施されるという共通性と一体性、普遍性を認識した広域の概念が必要となってくる。こうしたことから、本書は「真珠生産圏」という概念を提唱したい。「真珠生産圏」には「真珠の漁場」「真珠採取地」「真珠集散地」が含まれる。以下、その特徴を見ておこう。

「真珠の漁場」　海では魚介類は同じ密度で存在しない。潮の流れやプランクトンの有無などによって真珠貝が大量にとれる場所とほとんどとれない場所がある。真珠貝が豊饒《ほうじょう》な場所が「真珠の漁場」である。アコヤ真珠貝の場合、潜水で貝が集められたため、人が潜れる程度の浅い海域であることも、「真珠の漁場」になる大きな要素であった。

「真珠採取地」　「真珠採取地」は、「真珠の漁場」に向かって船で乗り出す沿岸部や漁港のことである。「真珠採取地」は「真珠の漁場」への近さや便利さという自然地理的要因によるため、長期的に見て変化しない傾向がある。その一例がペルシア湾のバハレーン島で、この島は何千年にわたって伝統的な「真珠採取地」になってきた。今日でも天然真珠を採取している島である。

「真珠集散地」　「真珠採取地」の近海は水深が浅いため、航行の難所や座礁の名所となることが多かった。そのため採取された真珠を集積し、各地に輸出する交易港が別に形成される傾向があった。これが「真珠集散地」である。「真珠集散地」は政治的・軍事的・経済的な要因で決定され、海域を掌握している政治勢力の首都である場合が多かった。

このように見ていくと、「真珠の漁場」「真珠採取地」「真珠集散地」は別々に存在するのではなく、真珠の生産と集荷で結びつき、一つの「真珠生産圏」を形成していたことがわかる。本書は、こうした「真珠生産圏」という広域の概念を使うことで、ヨーロッパ勢力の対外拡張の意図や本質を明らかにできると考えている。

ところで、本書はここまで漠然と「真珠の産地」という言葉を使ってきた。「産地」はモノがとれる場所なので、真珠貝のとれる海域や水域が真珠の産地となる。しかし、古今東西の文献では「真珠の産地」という場合、海域よりも、「真珠採取地」や湾岸部を指してきた。本書でも「真珠の産地」という場合、海域だけでなく、「真珠採取地」や「真珠集散地」などにも適用する。「真珠の産地」は「真珠生産圏」を含意するものである。

流通――「ハブ・アンド・スポーク交易」

真珠は多くの地域で求められたため、その流通は各地とつながっていた。本書は、真珠の流通は「真珠生産圏」をハブとして、流通網が放射状に延びて、真珠を欲する地に達している状況であったと仮定し、こうした真珠の流通ネットワークを「ハブ・アンド・スポーク交易」と呼ぶ。ハブは車輪の中心部のことで、そこから車輪に向かって出ている棒がスポークである。ハブ空港というように、「ハブ・アンド・スポーク」の概念は今日の航空路線などで使われている。真珠の取引は、一筋の糸のように真珠を欲する地や人にたどりつくものなので、スポークという言葉がその状態を示しているといえるだろう。

一般にインド洋世界における交易ネットワーク研究では、「結節点」(ノード)としての港市《こうし》の役割が重要視され、港市と港市間のネットワークは縦横に張り巡らされていたと考える[24]。本書が提唱する「ハブ・アンド・スポーク交易」は、起点を重視し、広域の「真珠生産圏」をハブとして諸地域への真珠の流通の拡がりを明らかにするものである。

希求――「伝統的希求地／希求者」「加工集散地」「上位集散地」

真珠は消費されるのではなく、宝飾品やジュエリー、資産として大切に利用されてきた。よって本書では「消費」よりも「希求」という言葉を使うことにしよう。真珠の希求では、「伝統的希求地／希求者」「加工集散地」「上位集散地」という用語を提唱したい。

「伝統的希求地／希求者」　真珠の長い歴史を俯瞰《ふかん》すると、時代が移ろうとも、王朝が変遷しようとも、地球上には真珠を伝統的に欲し続けた地域があり、民族や人々がいることがわかる。本書ではそうした地域や人々を「伝統的希求地」「伝統的希求者」と命名しよう。さらに本書は真珠の「新興希求地」「新興希求者」という用語も使用する。

「加工集散地」　「加工集散地」は、真珠の穿孔《せんこう》や糸通し、宝飾品の制作など、真珠の加工業が盛んな地域のことである。「加工集散地」は真珠を大量に輸入する一方、真珠の宝飾品を輸出するので、真珠は輸入と輸出の双方向で動くことになる。「加工集散地」という用語は、耐久財の真珠の複雑な動きを明確にすることができる。

「上位集散地」　「上位集散地」とは、「真珠生産圏」の「集散地」から真珠を集める「上位」の集散地のことである。「上位集散地」は、いくつかの「真珠生産圏」と関連しているのが特徴であり、一六世紀の真珠の流通のグローバル化を明らかにできるだろう。

こうした新たな概念や用語は、古今東西の一次文献の解釈の手がかりとなるだろう。本書では、おもに一六世紀のスペイン語・ポルトガル語の法令集や訓令、公式報告書、書簡、地誌、旅行記、当時の歴史書などを利用し、ほかのヨーロッパ言語や一六世紀以前・以後の一次文献、一部のアラビア語文献や漢籍なども参照する。真珠に関する記述は断片的なものが多いが、右記の概念や用語を使うことで、一六世紀の真珠産業の様相を考察できるだろう。

4　本書の構成

本書は、南米カリブ海、ペルシア湾、マンナール湾というアコヤ真珠の三大産地と真珠市場ゴアを取り上げ、一六世紀のスペイン・ポルトガル勢力の真珠産業への関与が大航海時代にどのような影響を与えたのかを論じるグローバルヒストリーである。

まず1章では、古代ギリシア人・ローマ人がペルシア・インド世界の真珠をなぜ高く評価したのかを見ておこう。実はヨーロッパ人は大航海時代が始まるはるか以前から東方世界の真珠の貴重さを知っており、その真珠に憧れてきたのである。

したがって、大航海時代の航海の目的の一つは、ペルシア・インドの真珠の獲得だったことは想像に難くない。2章では、インドを目指したクリストファー・コロンブスが到達した南米ベネズエラが、実は真珠の大産地であり、ヨーロッパへの新たな真珠の供給地となったことを見ていこう。その後、この地ではスペイン人による真珠採取業が発展した。その水産業は新世界の先住民やアフリカ人奴隷を潜水労働に投入したが、それが現地社会に与えた影響も考えたい。2章では真珠の徴収に熱心なスペイン王室と真珠事業者の攻防も見ていこう。

一方、ポルトガル勢力はインド洋世界に進出し、古代ギリシア・ローマ時代からの憧れのペルシアとインドの真珠の産地を支配するようになった。3章ではペルシア湾という真珠の海の経済性がポルトガルの対外進出を招いたことを見ていきたい。さらに、ポルトガルは「真珠集散地」ホルムズを掌握することで、アジア諸国から金銀を引き出したことを考察しよう。実はポルトガルは早い段階からコショウやダイヤモンドの取引に欠かせないイランの銀貨を得ていたのである。

4章と5章ではマンナール湾の真珠採取を検討しよう。まず4章ではこの湾の真珠産業はほぼタミル系民族の独占であったことを理解しよう。その上で、フランシスコ・ザビエルやその後のイエズス会がキリスト教徒の潜水夫を囲い込んで、真珠採取の潜水労働力を独占したことを見ていこう。5章では真珠の大規模採取の様子を紹介し、ポルトガル海軍がキリスト教徒の潜水夫を護衛していたという意外な側面も明らかにしたい。ポルトガルは「官・軍・宗教共同体制」で真珠採取業に関与するようになったのである。

一六世紀になると、ポルトガル領インドの総督府ゴアは新世界の真珠まで集める「グローバル市場」になった。真珠はアジアの方がヨーロッパよりも高値がついたのである。商人はどう対応したのだろう。6章ではポルトガルがアジアに作った世界最大級の真珠・宝石市場を考察しよう。

7章では、南米カリブ海、ペルシア湾、マンナール湾という三つの「真珠生産圏」とゴア市場を総括する。それによって各海域の真珠産業が狭い地域での自営的な経済活動ではなく、労働力や市場を外部に求め、ゴアをとおして諸地域と関連したことが見えてくるだろう。

終章では一六世紀のヨーロッパの華麗な真珠ファッションの肖像画や真珠の宝飾品を見ることで、その真珠や宝石がどこから来て、どのようにヨーロッパにもたらされたのかを考えてみよう。

これまでの大航海時代の歴史叙述では、真珠という富が生まれる海域の重要性やヨーロッパ人の水産業への関与、金銀を集めた「真珠集散地」といったテーマは十分扱われてこなかった。本書は大航海時代の真珠を取り上げることで、真珠が作り上げた経済活動やヒトやモノの動き、ひいては真珠が動かした歴史があったことを明らかにしていきたい。

1章 古代ギリシア・ローマ人と東方の真珠

――アジアにある最上の「宝石」――

一六世紀になると、ポルトガル勢力はペルシア湾とマンナール湾というアコヤ真珠の二大産地に進出していった。彼らはその地に到達して、はじめて真珠のことを知ったのではなかった。大航海時代が始まるはるか以前から、ペルシアとインドの真珠について知っていた。

きっかけになったのは、前四世紀のアレクサンドロス大王の東方世界への遠征とその後の東西交流、一世紀のローマ時代のインド交易の発展などであった。古代ギリシア人やローマ人は東方世界に足を踏み入れた時から、真珠がその地で称揚される高価な品であることに気づいたのである。

この章では、ペルシア・インド世界でいかに真珠が珍重されたかを理解し、古代ギリシア人やローマ人がその真珠に憧れるようになった経緯を見ていこう。古代・中世の真珠史についてはドンキンの優れた研究があるが、真珠の語彙の解釈では筆者と少し見解が異っている。[1] したがってこの章の後半では真珠の語彙についても説明しておこう。なぜなら *aljofar* という真珠の語彙は、一六世紀のスペイン語・ポルトガル語文献を読み解く鍵になるからである。

1　真珠を愛好した古代ペルシア・インド世界

真珠の「伝統的希求地」――メソポタミア

太古の時代からペルシア湾は真珠の一大産地であった。メソポタミアで栄えた人類最古のシュメール文明ではすでに真珠や真珠貝が珍重されていた。シュメールの一都市ウルクの約五〇〇〇年前の宝物庫からは、ドイツの発掘隊が「本物の真珠」と記した真珠が大量に出土している。[2] 真珠は最古の宝石の一つだったといえるだろう。

シュメールの別の都市ウルのニンガル女神の神殿址から出土した粘土板の一つには、ディルムン（バハレーン島）への渡航隊がニンガル女神に十分の一税として奉納した品々が記されている。銅、カーネリアン（紅玉髄）、白サンゴ、象牙、亀甲などの品が個数や容量、重さで示されている。その中に「魚の目」三個と記載された品目がある。[3]

「魚の目」はカーネリアンなどの宝石類とともに三個という個数で表されている。シュメール語には真珠に該当する語彙がないことから、「魚の目」は真珠と推測されている。ただ、ドンキンも含め、この説に躊躇《ちゅうちょ》している外国人研究者は少なくない。彼らは生きた魚の目を考えているようである。[4] しかし、私たち日本人にはアジの塩焼きの食文化があり、そのアジの目玉を思うと、「魚の目」が「真珠」であることを直ちに理解できるだろう。「魚の目」と呼ばれた真珠は、シュメール人がペルシア湾の島で求めた交易品であった。

シュメール文明の滅亡後もメソポタミアでは多くの王朝が勃興と衰退を繰り返していくが、王朝がかわっても真珠は愛好され続けた。アッシリア王国の首都近くの遺跡や新バビロニアの遺跡などからも、真珠のついた金製イヤリングやまとまった数の真珠などが出土している。[5] メソポタミアは真珠の「伝統的希求地」であった。

真珠の「伝統的希求地」――イラン

ペルシア湾に面している現在のイランも「伝統的希求地」であった。前六世紀に成立したアケメネス朝の都パサルガダエからは多くの真珠が出土している。西南部の都スーサでは女性の遺骨が納められた棺《ひつぎ》から三連タイプの真珠のネックレスが発見されており、ネックレスの形態のもっとも初期の事例の一つとされている(図1)。ネックレスには直径五ミリのディスク型の黄金製の飾りもついている。[6] それと比較すると、真珠の直径は三~五ミリくらいで、大きさから考えると、おそらくアコヤ真珠だろう。

スーサのネックレスは女性用であるが、イランの諸王朝では真珠は男性支配者の権威の象徴でもあり、王冠、玉座、宝剣、武具、調度品などにも使われた。時代はかなりあとになるが、一九世紀のカージャール朝も真珠愛好で名高い王朝で、「キーアーニー王冠」と呼ばれる豪華な真珠の宝冠を制作した（口絵④）。イランの諸王朝や諸政権は、ペルシア湾の真珠を千年、二千年にわたって好んだ「伝統的希求者」だった。[7]

真珠の「伝統的希求地」――インド

インドとスリランカの間にあるマンナール湾は、ペルシア湾と並ぶアコヤ真珠の大産地であった。真珠が採取できるマンナール湾岸は広大なインドの大地から見ればわずかな部分であり、インドのほぼ全土がその真珠の「伝統的希求地」であった。

インドの真珠利用の特徴は、マンナール湾のアコヤ真珠だけでなく、内陸部の淡水真珠など、品質の劣る真珠もおおいに用いたことである。そうした二級品の真珠の利用なども記しているのが、古代インドの政治手引書の『実利論《アルタシャーストラ》』である。カウティリヤ作とされており、紀元二～三世紀ごろに今のかたちになったと考えられている。『実利論』では宝石長官の仕事として真珠や宝石の見分け方が記されている。最初に登場する宝石が真珠で、次のように語られている。

　真珠は、タームラパルニー川、パーンディヤカ・ヴァータ、パーシカー川、クラー川、チュールニー川、マヒンドラ山、カルダマー川、スロタシー川、湖、ヒマラヤでとれる。真珠貝、ホラ貝、そのほかが真珠の母貝

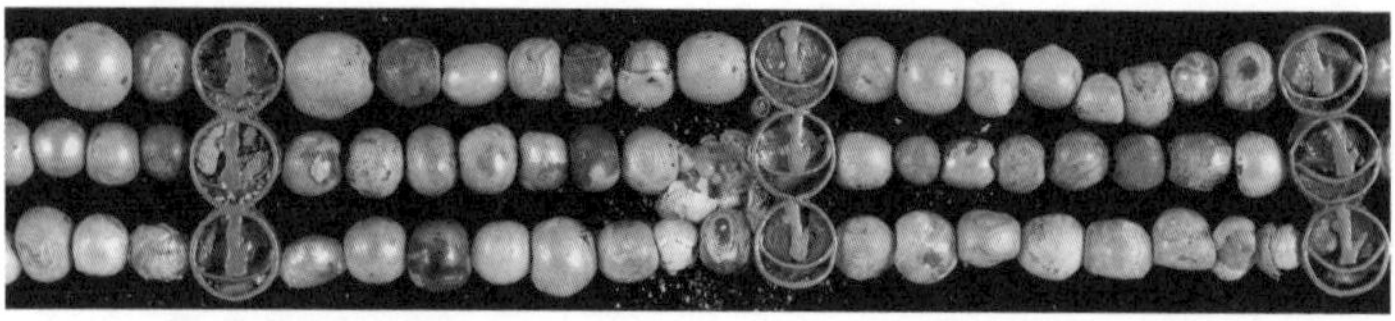
図1　アケメネス朝の真珠のネックレス（部分）（ルーヴル美術館蔵）

である。

平たい豆状のもの、三角状のもの、亀の形のもの、半円形のもの、皮膜つきのもの、対になったもの、切断されたもの、ざらざらしたもの、シミのあるもの、ヒョウタン型のもの、黒っぽいもの、青いもの、孔の開け方の悪いもの、以上が欠陥真珠である。大きく丸く、平らな面をもたず、光沢があり、白く重くすべらかで、適切な場所に孔が開けられたのが上質の真珠である。〔上村勝彦訳を参考に筆者が英訳から翻訳[8]〕

『実利論』では真珠の産地として川も含む一〇カ所が挙げられている。ドンキンによると、川はその河口の海域と考えられ、一〇カ所のうち、五つがマンナール湾やその近くにあるという[9]。最初に登場する「タームラパルニー川」はターンブラパルニ川で、この河口に築かれたカーヤルという港町はマンナール湾を代表する真珠採取地だった。マヒンドラ山やヒマラヤなどの陸地も挙げられており、その地の川や湖では淡水真珠がとれたようである。

『実利論』の記述で興味深いのは、欠陥真珠の特徴を事細かに述べていることだろう。逆にいうと、こうした真珠が広く出回っていたことが示唆されている。実はインドでは真珠が好まれるあまり、欠陥真珠もそれほどこだわらずに使用された。二級品も使用するインドの真珠への執着は、一六世紀に重要になるので、留意しておいていただこう。このようにインドではさまざまな真珠が用いられていたが、マンナール湾の白くて丸く光沢のあるアコヤ真珠は別格だった。インドはマンナール湾の真珠の「伝統的希求地」だった。

図2　アジャンターの壁画に描かれた真珠の宝冠をつけた人物（6世紀初期、アジャンター第1窟）

インドでは海産や淡水産の真珠がとれ、宝石や金も潤沢な土地だった。この地の暑い気候では腰布さえ巻けば、上衣がなくても十分暮らすことができた。そのため古代インドでは真珠や宝石を服がわりにする独特の宝飾文化が発展した。真珠や宝石を糸に通したインドの装身具は瓔珞《ようらく》と呼ばれているが、それらはネックレスや胸元飾り、一の腕や二の腕用の連珠となって彼らの裸体の上半身を飾り、宝冠やイヤリング、アンクレット（足首飾り）などとしても使われた。インドでは真珠の連珠を屋敷や玉座、天蓋などに飾る文化もあり、宮殿は、文字どおり、珠殿、珠楼であった。インドやスリランカでは古代の真珠はなぜかほとんど出土していない。[10]しかし、私たちはインドの真珠文化の一端をアジャンターの洞窟のさまざまな壁画などで見ることができる（図2）。

2　古代ギリシア人の真珠の発見

ペルシア湾の真珠の報告

マケドニアのアレクサンドロス大王は、ペルシア・インド世界を目指して東征した。前三三一年、イランのアケメネス朝の都スーサやペルセポリスを攻略して、莫大《ばくだい》な金銀財宝を手に入れた。彼らは大量の真珠も得たと思われるが、当時の記録者は真珠についてはほとんど述べていない。[11]しかし、この東征時にインドで編成された大艦隊に乗船して、ペルシア湾の湾奥まで航行したアンドロステネスが真珠について報告している。彼の報告書は所在不明の佚書《いっしょ》となっているが、二世紀ごろのギリシア語文献『食卓の賢人たち』で次のように引用されている。

> （ペルシア湾では）紫貝やほかの貝類も大量に産する。そのうち、ある特定のものを現地の人はベルベリ（*berberi*）と呼んでいるが、これは真珠《マルガリティス》[12]ができる貝である。（真珠は）小アジアでは高い価値があり、ペルシアやアジアの奥地ではその重さの金で売られている。石（真珠）は……貝の肉の中にできる。その色は金そっくりで、金と並べると見分けがつかないものもあれ

ば、銀色や純白のものもあり、それらは魚の目に似ている。
〔柳沼重剛訳を原文と英訳によって一部変更〕[13]

この記述でまず注目したいのが、真珠はアジアでは高価で、その重さの金と交換されるという箇所だろう。真珠は換金商品だった。「魚の目」という表現はここにもある。

さらに彼の記述は次の二点が興味深い。第一に、金と銀白色の真珠があるという箇所である。天然のアコヤ真珠は白色と黄色があった。黄色は金色にも見えるので、アンドロステネスの記述は天然のアコヤ真珠の特徴を正しく伝えているようである。第二に、真珠は「ベルベリ」と呼ばれるという箇所である。二〇世紀前半の紅海のアラブ系真珠採り潜水夫は、アコヤ真珠貝(*Pinctada radiata*)を「ビルビル」(*bil-bil*)または「ブルブル」(*bulbul*)と呼んでいた。[14]「ベルベリ」は「ビルビル」や「ブルブル」とよく似た呼称のように感じられる。はたしてアンドロステネスが聞いた前四世紀の呼称が、二〇世紀まで使われていたのだろうか。興味がわく話である。

インドの真珠の報告

一方、インドの真珠については、メガステネスという人物が報告した。彼は、アレクサンドロス大王の武将が樹立したセレウコス朝の使者としてインド北部のマウリヤ朝に派遣された。その宮廷で長期間にわたって滞在したあとにインドの見聞記を著した。これも佚書となったが、二世紀のギリシア人アッリアノスが『インド誌』の中で引用している。

それによると、メガステネスは、インドでは真珠貝は網でとること、海中ではたくさんの真珠貝がミツバチのように一つのところに群がって生息していること、インド人の間では真珠《マルガリテス》は純金にしてその目方の三倍の価値があることなどを報告している。[15]

ここでも真珠は金と交換できること、しかもその重さの三倍の金で交換されることが記されている。真珠はインドでも高価な換金商品であることがわかり、注目すべき報告といえるだろう。アコヤ真珠貝は海底で群生しているので、メガステネスの記述はアコヤ真珠貝にもあてはまる。マウリヤ朝の宮廷はインド北部にあったため、インド南部のマンナール湾の真珠貝のことは人から話を聞いたのかもしれない。当時は潜水しなくても、網で真珠貝がすくえたようである。

真珠を高く評価した古代ギリシアの哲学者

こうして古代ギリシア人はペルシアやインドの真珠のことを知るようになり、その真珠がギリシアにもたらされるようになった。ギリシアの哲学者テオプラストスは『石について』という書物の中で真珠について次のように語っている。

いわゆる真珠《マルガリテス》は、本来透明で、高価なネックレスがこれから作られ、宝石に位置づけられている。ピンナ貝によく似ているが、それより小ぶりの貝の中で育つ。その大きさは大きめの魚の目くらいである。インドの沖合と紅海の島々付近の海で採取されている。これらはきわだった特徴をもつ石同然のものである。[16]

この短い記述の中に興味深い箇所が三点ある。まず、テオプラストスは真珠を「宝石」に位置づけ、高い評価を与えていることである。ここでも「魚の目」と表現されている。

第二に、その真珠はインドの沖合と紅海でとれると語っていることである。当時の「紅海」にはペルシア湾も含まれていた。[17] すでに紀元前四～前三世紀のギリシア人が、東方の真珠の産地を知っていたのである。

第三に、真珠の透明感に言及し、ネックレス向きの真珠と語っていることである。テオプラストスは光沢の強いアコヤ真珠のネックレスを見たのかもしれない。

テオプラストスは真珠を意味するギリシア語として「マルガリテス」を使っている。この「マルガリテス」[18] はギリシア語における初出とされている。語源は確定していないが、オリエント起源とされている。アンドロステネスやメガステネスも「マルガリティス」や「マルガリテス」という語を使っていたが、彼らの記述は後世の人の引用である。テオプラストスはアリストテレスの後継者で、当時のギリシア世界における知の権威だった。そうした人物が、「マルガリテス」と呼ばれるインドとペルシアの真珠を宝石と位置づけ、高く評価したのだった。

3　古代ローマ人の真珠への憧れ

古代ローマとインドの交易

一世紀になると、古代ローマ人はインドと交易を行っていた。ローマ領のエジプトから紅海を下り、夏の季節風を利用してインドの各地に渡航するようになったのである。

一世紀の『エリュトラー海案内記』は、この航海のための情報を記している。それによると、インド西岸にはネルキュンダとムージリスという大交易地があり、ここでは「多量の上等な真珠《マルガリテス》」が購入できた。ネルキュンダは、マンナール湾で真珠を採取しているパーンディヤ朝がインド西岸にもっていた外港だった。ムージリスはコショウ輸出で名高いチェーラ朝の港であった。これらの交易地には真珠やコショウ以外に象牙、透明石、ダイヤモンド、亀、ミロバランの実や絹織物などのアジアの物産がもたらされていた[19]。

当時のギリシア人やローマ人は、こうした物産をインドで購入するためにローマ金貨などを大量にもち込む必要があった。インド交易はたやすくはなかったが、この交易をさらに難しくしたのは、商人たちがインド諸王朝の厳しい監視下におかれたことだった。カウティリヤの『実利論』によると、商人たちが領国に入ったら、さっそく関税が要求され、彼らは何者で、どこから来たのか記録された。商品の量と価格は事前申告で、申告した価格より高く売れた場合はその差額が没収された。出国の際には再び税関を通ったが、高価な品を牛糞《ぎゅうふん》やワラの中に隠したことがばれると、最高の罰金が課せられた。[20] 苦労は絶えなかったが、それでもローマ金貨などを携えてはるばる向かうだけの甲斐はあった。アッリアノスは『インド誌』の中で次のように述べている。

それ(真珠)は今日でもなお、インドからさまざまな商品をわれわれのところにもたらす者たちが、苦心して買い付けた末にやっと[現地から]持ち出すもので、昔のギリシア人にせよ今日のローマ人にせよ、財産あり富み栄えているひとびとがいずれも、いまだに大変な努力を払って買い求める品、インド語で海の「マルガリテス」[真珠]と呼ばれているものなのである。

〔大牟田章訳[21]〕

真珠を最高の品としたプリニウス

ローマ時代になると、真珠は最高の品と見なされるようになった。それを主張したのが、『博物誌』の著者プリニウスだった。彼はローマ帝国の属州総督や海軍提督などをつとめた要人であったが、全三七巻の『博物誌』を寝る間を惜しんで書き上げた博物学者でもあった。

プリニウスは『博物誌』第九巻で「すべての高価な品の中で第一の地位、最高の順位が真珠《マルガリータ》によって保たれている」と語っている。[22] プリニウスによれば、真珠はおもにインド洋が送ってきてくれるものであった。巨大で不思議な動物が広大な陸地を越え、多くの海を渡り、太陽の燃えるような灼熱《しゃくねつ》の地からやってくるが、真珠もその一つだった。インド人は真珠を手に入れるために島に行くが、そうした島は大変少ないと述べ、セイロン島やペルシア湾の島、インドの岬などに言及している。[23] アラビアの海は我々に真珠を送ってくれるので、「幸多き」という名称はこの海にもっともよくあてはまるとも述べている。[24]

プリニウスは、真珠が第一の地位にあるのは、「人命を犠牲にするような贅沢《ぜいたく》によって多くの満足が得られるというルール」が世間にあり、それがあてはまるからだろうと語っている。[25] 当時の人の思考や価値観がうかがえて興味深いところだろう。プリニウスは真珠を得るには危険な海に潜る必要があることを知っていた。

プリニウスによる宝石の順位づけ

プリニウスの『博物誌』には言説が一貫しない箇所がある。彼は第三七巻でさまざまな宝石の順位づけを行っている。彼が一位としたのはアダマスと呼ばれた固い石で、二位がインドとアラビアの真珠《マルガリータ》である。三位がスマラグドゥスと呼ばれる緑色の石で、四位がオパールとなっている。[26] こうして各種宝石の順位を定めていくが、気になるのは、第九巻で最高位におかれた真珠が二位となっていることである。

プリニウスが一位としたアダマスは一般にダイヤモンドと解釈されるが、彼の記述にはほかの石との混同がある。しかし、明らかにダイヤモンドの特質を述べている箇所もある。アダマスがうまい具合に砕けると、ほとんど目に見えない細かい破片になるが、その破片はどんな硬い物質にも孔を開けることができるので、宝石の彫刻家から大変求められて、鉄製の工具にはめ込まれているという箇所である。[27] このアダマスは、まさに工業用切削器具に使われる粉末ダイヤモンドのことではないだろうか。当時、少量のインド産ダイヤモンドがローマに入ってきており、アダマスは実用性から重要視されたのだろう。

しかし、切削器具に使われる、目に見えないほどの大きさのアダマスは、はたして宝石といえるだろうか。宝石は装身具やジュエリーに使われてこそだろう。宝石の順位としては、アダマスは割り引いた方がよさそうである。このように見ていくと、プリニウスが最高の「宝石」としたのは、やはりインドとアラビアの真珠だったと考えられる。

プリニウスの『博物誌』は、ルネサンス時代になると印刷技術の進歩とともに再び盛んに読まれるようになった。プリニウスを引用できなければ教養人と見なされなかったようである。当時のキリスト教聖職者バルトロメ・デ・ラス・カサスは、彼のライバルの著述者ゴンサロ・フェルナンデス・デ・オビエドについて、彼は自分では大変な歴史家ぶっていて、プリニウスを読み込んでいることを自慢しているが、彼が所持していたのはラテン語の原文ではなく、トスカーナ語の訳本であったと皮肉っている。[28] 一六世紀の教養の一つの証《あかし》となるプリニウスが、インドとアラビアの真珠を高く評価していたのである。

真珠を称揚した『新約聖書』

『聖書』も真珠を称揚した。古代ローマ帝国は三一三年、キリスト教を国教とした。以来、『聖書』はヨーロッパの社会生活に欠かせない書物となったが、その『聖書』――とくに『新約聖書』――が真珠を高く評価している。

『旧約聖書』には、真珠と思われる語彙がいくつかあるが、確定はされていない[29]。一方、コイネーと呼ばれるギリシア語で書かれた『新約聖書』では、真珠は「マルガリテス」と表記されている。真珠をはじめ、アメシストやトパーズ、ベリル（緑柱石）などの宝石が言及されている「ヨハネの黙示録」を除くと、「マルガリテス」が『新約聖書』に出てくる唯一の宝石となっている[30]。

『新約聖書』「マタイ伝」第一三章には次のような記述がある。

天の国は次のようにたとえられる。商人が良い真珠を探している。高価な真珠を一つ見つけると、出かけて行って持ち物をすっかり売り払い、それを買う。〔新共同訳〕

このたとえは、全財産を投げ出しても、一個の真珠は手に入れるべきだとも解釈できる。この章句によって、キリスト教徒たちが真珠に対し強い執着をもったとしても不思議ではないだろう。B・C・コレスという研究者によると、メソポタミアやアラビア、ペルシアのキリスト教徒やその商人には「高価な真珠」という考えがあった。彼らは真珠を求める人々であったが、それはこの「マタイ伝」のたとえが関係していたという[31]。

このように、『聖書』という権威が、真珠に高い価値をおいたのである。古代ギリシアのテオプラストスや古代ローマのプリニウスも真珠を称揚していた。こうして、ギリシア人、ローマ人、ひいてはヨーロッパ人が、真珠の「伝統的希求者」となったのである。

4　古代・中世ヨーロッパの真珠の語彙

ローマ時代の真珠の語彙――「マルガリータ」「ウニオ」

ローマ時代になると、「マルガリータ」(*margarita*)と「ウニオ」(*unio*)が真珠を表す主要な語となった。「マルガリータ」はギリシア語の「マルガリテス」が語源で、「真珠」を指す一般的な言葉である。プリニウスはインドとアラビアの真珠に「マルガリータ」の語を使っていたので、アコヤ真珠なども指していたことがわかる。一方、「ウニオ」は世界に類のない特大の真珠など、大きな真珠を指す場合に使われた。プリニウスは、クレオパトラがイヤリングに使われた史上最大の真珠の一つを酢に溶かして飲んだという故事を紹介したが、ここで使われている真珠の語は「ウニオ」である[32]。

歴史的に見て、イヤリングに使われた大粒真珠はドロップ型のクロチョウ真珠などが多かった。ローマ帝国はエジプトのプトレマイオス朝を征服し、紅海沿岸部を版図に含むようになった。それによって、紅海に生息するクロチョウガイの大粒真珠などもローマにもたらされるようになったと考えられる。K・ショーレという研究者は、エジプトに残る碑文の内容からローマ帝国の官吏が紅海の真珠採取を管轄していたと論じている[33]。プリニウスは「ローマの贅沢《ぜいたく》」が「ウニオ」という言葉を生んだと述べているが[34]、この「ローマの贅沢」は、大粒真珠の愛好だったのだろう。「ウニオ」と「マルガリータ」の関係は、クロチョウ真珠とアコヤ真珠の関係と考えれば、わかりやすいかもしれない。

その後、「マルガリータ」という語は、中世ヨーロッパのラテン語文化圏で広く使われるようになり、ポルトガル語やスペイン語などにも入っていった。「ウニオ」も時折使われたが、「マルガリータ」の方が真珠を指す標準の語であった。[35]

新しい真珠の語――「ペロラ」「ペルラ」

一二世紀から一三世紀にかけて、真珠を表す新たな語が登場した。現代ポルトガル語で「ペロラ」(*pérola*)、現代スペイン語で「ペルラ」(*perla*)とされる語で、英語の「パール」(*pearl*)と同じ系統である。いうまでもなく、真珠を意味する単語である。これらの語の変異形は、すでに一二世紀前半のフランス語文献に見ることができる。ただ、その語源については、ラテン語の「ペルナ」(*perna*)(イガイなどの二枚貝)、「ペラ」(*pera*)(石)などの説が存在するが、確定されていない。[36]

謎の真珠の語――「アルジョーファル」「アルフォーファル」

「ペロラ」や「ペルラ」とほぼ同じころ、真珠を意味する別の単語が登場した。それが *aljofar* という語である。現代ポルトガル語では「アルジョーファル」[37](*aljôfar*)や「アルジョフレ」(*aljofre*)、現代スペイン語では「アルフォーファル」(*aljófar*)と呼ばれる。一六世紀のポルトガル語文献によく出てくるので、本書ではこれらの語を考える場合、「アルジョーファル」と表記する。

「アルジョーファル」の語源は、アラビア語の「アル＝ジャウハル」(*al-jawhar*)とされている。「アル」はアラビア語の定冠詞で、「ジャウハル」は「宝石」や「ジュエル」という意味があり、おもに「真珠」を指す。[38]

一三世紀のアラブ人宝石学者ティーファーシーは『最上の石に関する最上の思考』という書物の中で、「ジャウハル」は宝石を指し、とくに真珠を指すが、それは花を意味する「ワルドゥ」という語が、最良の花のバラを指すのと同じであると述べている。[39] 日本では花が桜を指すように、イスラーム社会では宝石といえば真珠であったということだろう。「アルジョーファル」はこの「ジャウハル」を語源とするため、それがもともと指していた真珠は、宝石を代表する一級品の真珠だったことが推察される。さらにこの語の登場は、アラブ系イスラーム商人を介して東方産の光沢のある真珠が貴重な交易品としてヨーロッパに入ってきていたことも示唆している。

このように「アルジョーファル」は格の高い語であるが、英語圏ではほとんどの場合、「シード・パール」と解釈されてきた。[40] ポルトガル語やスペイン語の辞書は「小粒真珠」「くず真珠」「ふぞろいの真珠」「細かい真珠」などと解説している。[41] ポルトガル語文献の邦訳では「真珠母」という語も使われる。[42] 表1はそれらをまとめたものである。

しかし、実際にポルトガル語文献を読んでいると、辞書が述べるように「シード・パール」や「ふぞろいの真珠」と解釈すると、意味が通じにくいところがあり、これまで多くの翻訳者や研究

表1　*aljofar* についての辞書の解説

辞書	解説
A Portuguese-English Dictionary	seed pearls
Oxford Portuguese Dictionary	項目なし
Oxford Spanish Dictionary	seed pearl
Grande dicionário da língua portuguesa	pérolas menos finas, miúdas, desiguais（上等でなく、細かく、ふぞろいの真珠）
Diccionario ideológico de la lengua española	perla irregular y pequeña（ふぞろいの小粒真珠）
『現代ポルトガル語辞典』	「小粒真珠」
『西和中辞典』	「小粒でふぞろいな真珠、くず真珠」
ポルトガル語文献の邦訳 トメ・ピレス『東方諸国記』など	真珠母

者を悩ませてきた。まさに実態がつかめない謎の単語であった。すでに二〇世紀初めの研究者W・F・シンクレアは、一六世紀末から一七世紀初めのポルトガル語文献を英訳した際、ここでは「アルジョーファル」はフルサイズの真珠を意味するものとして使われており、自分は文脈からそのように訳したと述べ、「アルジョーファル」を「シード・パール」と訳すことに疑問を呈している[43]。

結論からいえば、筆者は、「アルジョーファル」は真珠一般を指し、とくに丸くて強い光沢のあるアコヤ真珠など、宝石としての真珠を指したのではと考えている。一六世紀のポルトガル語文献を読んでいくと、シンクレア同様、そう考えないと内容が通じないところが多々あり、またペルシア湾やマンナール湾など、アコヤ真珠の海域の真珠にしばしば「アルジョーファル」という語が使われているからである。

一六世紀のポルトガル人ガルシア・ダ・オルタの

『インドの薬草と薬物についての対話』という書物も真珠の語の解釈に手がかりを与えてくれる。オルタは次のように記している。

スペイン語で「ペルラ」(*perla*)、ポルトガル語で「ペロラ」(*perola*)、ラテン語で「ウニオ」(*unio*)と呼ばれるのは、「アルジョーファル・グランデ」(*aljofar grande*)のことである。細かいものは、ラテン語では「マルガリータ」(*margarita*)……ポルトガル語とスペイン語では「アルジョーファル」(*aljofar*)と呼ばれる。[44]

この内容をまとめると、表2のとおりである。オルタの解説では、「ペルラ」「ペロラ」「ウニオ」「アルジョーファル・グランデ」は同じものなので、大粒真珠を指していることがわかる。「アルジョーファル」は「グランデ」として大粒真珠にも使われた。

表2　ガルシア・ダ・オルタが語る真珠の語彙

	aljofar grande に該当する大粒真珠	細かい真珠
スペイン語	perla	aljofar
ポルトガル語	perola	aljofar
ラテン語	unio	margarita

一方、「マルガリータ」と「アルジョーファル」は同じ「細かい」真珠となる。「細かい」という表現から小さい真珠のイメージが浮かぶが、むしろこの「細かい」は、大粒真珠と比べると小さいが、粒のそろった真珠と解釈すべきだろう。その意味でアコヤ真珠の特徴を示している。「マルガリータ」は真珠一般を指し、アコヤ真珠にも使われたので、「アルジョーファル」もそうした真珠であったと考えることができる。[45]

真珠の語彙の訳し方

この章の最後に本書における真珠の語彙の訳し方について説明しておこう。

一六世紀のポルトガル語文献やスペイン語文献では、「アルジョーファル」は「ペロラ」や「ペルラ」と並列で使われることが少なくない。ポルトガル語文献では *aljofar e perolas*、スペイン語文献では *aljofar y perlas* という表現である。英語の翻訳書では、ほとんどの場合、「シード・パールと真珠」(*seed pearls and pearls*)と訳されてきた。日本語では「小粒真珠と真珠」などである。しかし、一六世紀にはおもに「アルジョーファル」が真珠一般を指し、「ペロラ」や「ペルラ」は大粒真珠を指したので、こうした並列の表現は「真珠と大粒真珠」と訳すのが適切だろう。ただ、この場合の「大粒真珠」は、必ずしも世界に類のない特大真珠ではなく、普通よりも大きめの真珠であることに注意しておこう。

「アルジョーファル」は小粒の二級品の真珠やくず真珠と考えられたために、歴史研究では「アルジョーファル」の記載の箇所は十分考察されてこなかった。その一つの例が、「ペスカリア・ド・アルジョーファル」(*pescaria do aljofar*)といえるだろう。一六世紀後半のポルトガルの公式報告書では、ポルトガルが支配下においたマンナール湾の「真珠の漁場」を指していた。[46] イエズス会聖職者のフランシスコ・ザビエルのインドの布教地は「ペスカリア海岸《コスタ・デ・ペスカリア》」と呼ばれてきたが、[47] 多くの研究者は「ペスカリア」を真珠と結びつけず、「漁夫海岸」と呼んできた。これについては4章で見ていこう。

このように「アルジョーファル」はさまざまなかたちで見過ごされてきた。本書は、「アルジョーファル」を真珠一般、とくにアコヤ真珠と解釈し、そのアコヤ真珠はペルシア湾、マンナール湾、西日本沖、南米カリブ海などの限られた海域でしかとれなかったという最新の水産学的知見を取り入れたおそらく世界初の真珠史である。

＊　＊　＊　＊　＊

東方世界では太古の時代からペルシアやインドの真珠を愛好する「伝統的希求地」が存在した。古代ギリシア人は東方世界に足を踏み入れた時から、真珠は金と同等、あるいは金の三倍の価値で交換できる換金商品であることを知った。古代ギリシアの哲学者テオプラストス、古代ローマのプリニウス、『新約聖書』が真珠を高く評価し、真珠はヨーロッパ人の憧れの品となったのである。

中世になると、「アルジョーファル」というアラビア語を語源とする真珠の言葉が登場した。本書はこれを「アコヤ真珠」や「標準の真珠」「真珠一般」と考える。「アルジョーファル」はヨーロッパ人がイスラーム商人から真珠を得ていたことを示唆しているが、大航海時代になると、ヨーロッパ人はついに真珠の産地のペルシアとインドに進出していくのである。

2章 南米カリブ海とスペイン人の真珠採取業

――新世界の特産品の誕生と奴隷制水産業――

クリストファー・コロンブスは、地球球体説を取り入れ東方世界に行くには西方を目指すという逆転の発想をもっていた。ただ、その航海の支援者をなかなか見つけることができなかった。しかし、一四九二年一月、スペインにおける最後のイスラーム王朝が滅亡し、レコンキスタ（国土回復運動）が完了すると、同国のイサベル女王とフェルナンド国王がコロンブスの航海に許可を与えた。

一四九二年四月、コロンブスは国王夫妻とサンタフェで協約を締結した。この協約では「真珠《ペルラス》、宝石、金、銀、スパイス」がもっとも求められていた品々であった。[1] 真珠が冒頭に来ていることに着目しよう。真珠は東方世界に向かう航海者がおおいに期待する物品だった。

一四九二年八月、コロンブスはスペインを出発し、大西洋を横断して、十月十二日にカリブ海のバハマ諸島に到達した。その後、エスパニョーラ島などの島々に立ち寄った。この時、コロンブスは先住民が身につけている金製品を目撃し、それらを入手したが、真珠は発見できなかった。一四九三年からの第二回航海でもやはり真珠は見つからなかった。しかし、一四九八年の第三回航海でベネズエラのパリア半島の先住民が真珠を手巻きにしていることを目撃し、彼らの真珠を入手した。

南米大陸北岸のカリブ海は、アコヤ真珠貝が優占種として生息していた真珠の大産地であった。先住民たちは、大航海時代のはるか以前から真珠を愛好する文化を育んでいた。一四九八年のコロンブスのベネズエラ到達は、ヨーロッパ人による「新大陸」到達という歴史上の意義があったが、ペルシア・インド世界にかわる新たな真珠の産地の発見という意義もあった。東方世界の真珠を求めていたコロンブスやスペイン人は、まったく新しい世界で真珠がとれる土地を見つけたのである。その真珠はペルシア・インドの真珠と同じ種類の光沢のある美しいものであった。

スペイン人による真珠の産地の発見で、何が起こっただろうか。まず、スペイン人航海者たちによる真珠の略奪があっただろう。ただ、その後はベネズエラとコロンビア沖でスペイン人入植者による真珠採取業が始まったのである。読者の多くは、大航海時代にスペイン人が「新世界」で水産業に従事したことは、ほとんど考えたことがなかったかもしれない。しかし、南米カリブ海の真珠の産地は、スペイン人の水産業を発展させ、新世界の特産品を作り出すようになったのである。しかも、この水産業は僻地でほそぼそと営まれる小規模なものではなかった。潜水労働力をほかの土地から調達するグローバルな側面をもっていた。スペイン人の真珠採取業とはどのような産業だったのだろうか。

南米カリブ海における真珠採取業の歴史は、日本ではそれほど知られていないが、欧米社会では意外と多くの研究がある。オッテやE・L・サンス、ドンキンなどが優れた研究を行っており、近年、ウォルシュなどがベネズエラの真珠史を研究している。[2] 本章では、真珠に関する一六世紀のさまざまな法令をはじめ、当時の聖職者ラス・カサスの『インディアス史』やスペイン人年代記作家オビエドの『インディアス史概説・自然史』などを参照することで、「南米カリブ海真珠生産圏」におけるスペイン人の真珠採取業がどのように発展したのかを見ていこう。

1　新世界の真珠の発見

一六世紀初めの「南米カリブ海真珠生産圏」

ベネズエラからコロンビアにいたる南米北岸のカリブ海は、アコヤ真珠貝の一大生息地であった[3](図1)。ベネズエラ側ではマルガリータ島と本土のクマナの海域に豊饒《ほうじょう》な真珠漁場があった。マルガリータ島とクマナは名高い真珠採取地であり、交易地でもあった。[4] コロンビア側ではグアヒラ半島の北西部沖に大きな真珠の漁場があった。その沿岸部や半島西方のサンタマルタなどで真珠採取が行われていた。サンタマルタは真珠の交易地でもあった。[5]

カリブ海は水温が高く、貝の成長が早かったため、真珠は季節にかかわらず採取できた。[6] ネックレスやブレスレット、イヤリング、鼻輪などに加工され、先住民の体を飾っていた。家の飾りにも真珠が使われ、首長の墓には大粒真珠が副葬されていた。[7] 真珠貝は農具などとして使われた。[8] この

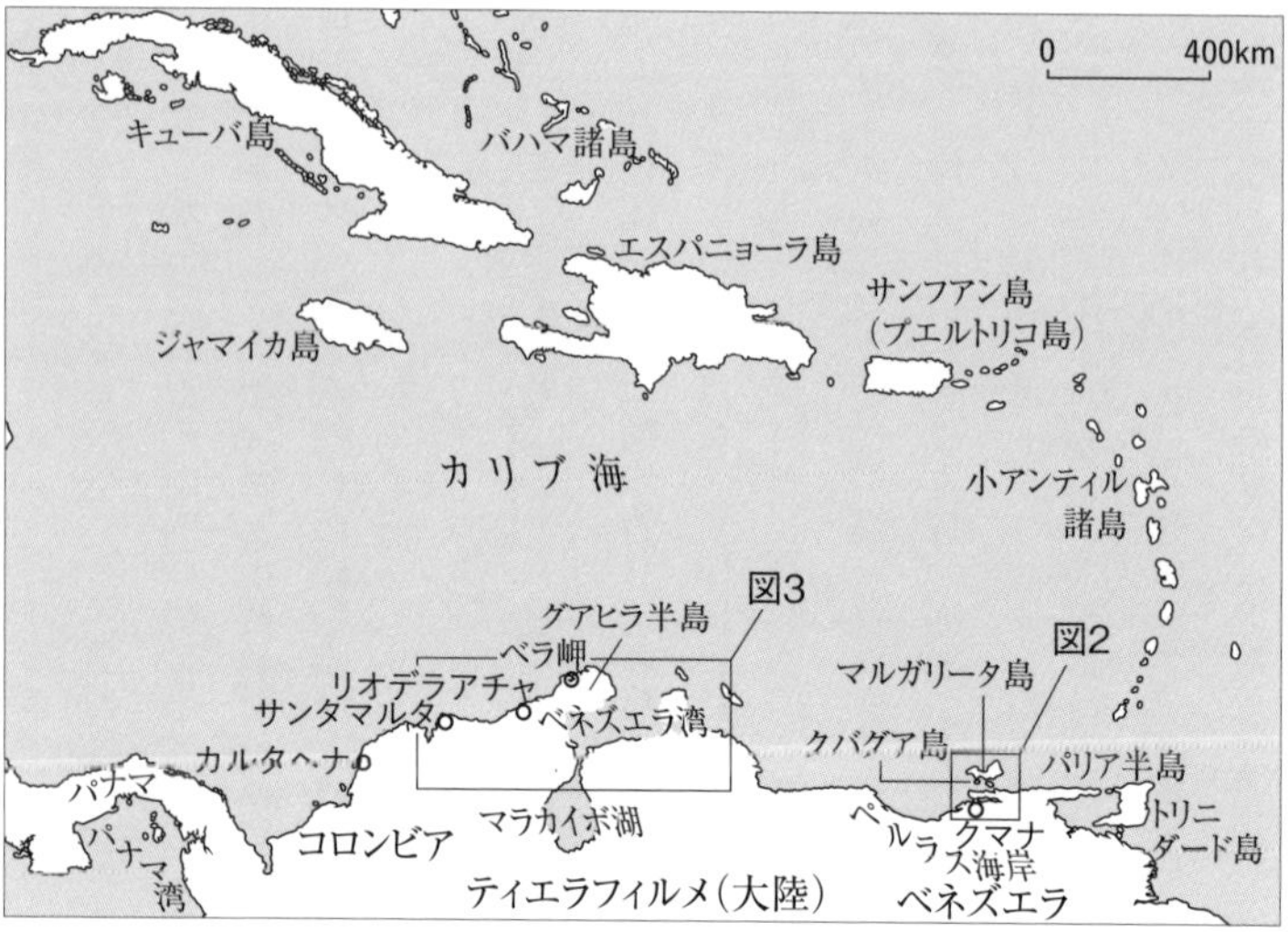

図1　カリブ海、南米沿岸部(ベネズエラ、コロンビア)

ように、ベネズエラからコロンビアの沿岸部では広く真珠が採取され、利用される「南米カリブ海真珠生産圏」が形成されていた。

　初期のスペイン人はまずベネズエラで真珠を発見し、真珠が入手できる地域や海域に真珠とかかわる名称をつけていった。マルガリータ島という名称は真珠島そのものであり、この島周辺の海域は「真珠湾《ゴルフォ・デ・ペルラス》」と命名された。クマナを中心とする沿岸部は「真珠海岸《コスタ・デ・ラス・ペルラス》」や「真珠岬《カボ・デ・アルフォーファル》」と呼ばれるようになった。[9] こうした名称はベネズエラ沿岸部で真珠採取やその取引が盛んだったことを示している。

　「南米カリブ海真珠生産圏」の地理的特徴の一つは、黄金もよくとれたことである。コロンビアは黄金の産地として名高いが、ベネズエラ沿岸部の河川からも砂金がよくとれた。[10] それゆえ、この地の先住民は真珠とともに黄金を使う文化も発展させていた。

コロンビアはエメラルドの大産地でもあり、パナマ地峡を越えた太平洋にはパナマクロチョウガイが生息していた。パナマクロチョウ真珠は大粒ではあるが、鉛色や黒っぽい色が多いのが特徴で、円形のほか、ドロップ型やゆがんだバロック真珠などがあった。エメラルドやパナマクロチョウ真珠も交易などで「南米カリブ海真珠生産圏」にもたらされていた。[11]

スペイン人は当初、ベネズエラからコロンビアの沿岸部を島だと考えていたが、しだいに大陸であることに気づき、「ティエラフィルメ」(固い土地、大陸)と呼ぶようになった。このティエラフィルメこそが、先住民が真珠や金、それに宝石などを所有している「南米カリブ海真珠生産圏」であった。

隠匿で始まった真珠の発見

コロンブスは第三回航海でベネズエラに到達した。それは「南米カリブ海真珠生産圏」への最初の進出であった。先住民から真珠を入手したあと、彼はどのような行動をとったのだろうか。実はコロンブスは真珠を隠匿したのである。

第三回航海の途中経過の報告のため、コロンブスは別の船で「中間報告書」をスペイン王室に送付した。報告書では、新たに発見した土地で先住民が真珠を手巻きにしていたことなどを簡単に述べ、国王夫妻への献上品として真珠一六〇個ないし一七〇個を同封した。「中間報告書」がスペインに届き、コロンブスの真珠の発見が明らかになると、人々の航海への意欲が高まった。数カ月のうちに少なくとも四～五組の個人航海が実施された[12]。

まずアロンソ・デ・オヘーダの船隊が出発した。この船隊には、アメリカという呼称の由来となったアメリゴ・ヴェスプッチも乗船していた。オヘーダの船隊が先陣を切ったが、帰国がもっとも早かったのは、ペラロンソ・ニーニョとクリストバル・ゲーラの船であった。彼らは、一五〇リブラ(六九キロ)あるいは一五〇マルコ(三四・五キロ)以上という大量の真珠をスペインにもち帰り、当時の人々を驚かせた[13]。

こうしてほかの船隊がベネズエラの海岸に渡航し、大量の真珠をもち帰るようになると、コロンブスが献上した一六〇個ないし一七〇個の真珠はあまりに少ないことがわかり、彼の過少申告が強く非難されるようになった。コロンブス自身も、一五〇〇年の書簡の中で、自分が獲得した真珠は一ファネガ(約五五リットル)あったが、これを国王夫妻に報告しなかったので非難されていると述べており、真珠を隠匿した事実を認めている[14]。

真珠は高価で小さいため、隠匿、密輸、過少申告が行われやすかった。それは大航海時代における新世界の真珠の最初の発見から始まっていた。私たちは一次文献を読む時、そこに出てこない隠された真珠についても思いをはせる必要があるだろう。

大航海時代初期の真珠の価格

大航海時代初期、真珠の価格はいくらくらいだったのだろう。

それを伝えるのが、ヴェスプッチの私的書簡である。ヴェスプッチはもともと、コロンブスの真珠発見の報に反応して、オヘーダの船隊に加わり、ベネズエラを目指した乗組員の一人であった。彼はその後の航海で「新大陸」の存在に気づき、コロンブスより先に自分が「新大陸」に着いたと主張する目的で書簡やリーフレットを発刊した[15]。そのため彼の公の刊行物は慎重に扱う必要がある。しかし、私的書簡は、多少の誇張や伏せた部分などはあるにせよ、おおかた本音や事実が述べられていると考えてよいだろう。

今日、ヴェスプッチには四つの私的書簡が残されている[16]。その一つが「リドルフィ断片書簡」と呼ばれるものである。この書簡にはベネズエラでの真珠取引についての記載がある。それによると、ヴェスプッチは、先住民に鈴一個をわたして一五七個の真珠を得ることができたが、それらは一〇〇〇ドゥカド[17]の価値があった。また、彼が参加した船隊全体では、一〇ドゥカドの元手で、一一九マルコ(二七・三七キロ)の真珠を手に入れ、その価値は一万五〇〇〇ドゥカドであったという[18]。

一五七個の真珠は、平均価格が一個六・四ドゥカドである。個数で数えられているので、おそらく一級品の真珠だったのだろう。当時、真珠は一定量をまとめて袋に入れて扱っていたが、その重量単位がマルコだった。一マルコは二三〇グラムである。乗組員全員では一万五〇〇〇ドゥカド相当の真珠一一九マルコを手に入れたので、真珠一マルコは一二六ドゥカドである。こちらの真珠はまとめて扱われているので、小粒真珠や二級品などさまざまな種類が入っていたのだろう。

一級品の真珠の価格を奴隷の価格と比べてみよう。ラス・カサスの『インディアス史』によると、一四九六年ごろにコロンブスは航海の収益を計算する際、先住民奴隷四〇〇〇人の売却で二〇クエント(約五万三三三三ドゥカド)の利益が出せると試算していた。[19] コロンブスの試算では先住民奴隷一人の価格は一三・三ドゥカドとなる。[20] 真珠の収益には船の装備費などは入っておらず、条件が異なるので一概にいえないかもしれないが、先住民奴隷一人の価格一三・三ドゥカドに対し、一級品の真珠一個の価格は六・四ドゥカド、二個では一二・八ドゥカドである。ほぼ真珠二つで奴隷一人の価格となる。重量で見ると、もっと衝撃的である。仮にその真珠を直径五ミリ程度の一級品のアコヤ真珠とすると、重量は約〇・二グラムである。二個だと〇・四グラム。この〇・四グラムの真珠が人の価格とほぼ同じかもしれなかった。

2　真珠の略奪とその正当化

真珠略奪の正当化──「物々交換」

コロンブスの航海を契機に、スペイン人が発見、征服、植民化した土地は「インディアス」と呼ばれ、これからスペイン帝国の広大な版図を形成していくことになる。ただ、ベネズエラで真珠が発見されたころ、メキシコのアステカ王国もペルーのインカ帝国もまだ発見されておらず、ポトシなどの巨大な銀鉱山の存在も知られていなかった。スペイン人の入植地となったエスパニョーラ島では早くから金が発見されていたが、思ったほどの収益がない上、現地の労働力を必要とする事業であり、一個人での参入は容易ではなかった。

つまり、これといった収益が見込めない中で、ベネズエラからコロンビアの沿岸部で大量の真珠が発見されたのだった。しかも先住民は真珠だけでなく、金製品も所有していた。まさに宝の山の発見で、一獲千金を夢見る個人航海者が次々と南米大陸に押し寄せるようになった。コロンブスの航海は国家事業であったが、個人の航海を促したのは、南米沿岸部の真珠と金であった。ただ、それらは先住民の所有物である。スペイン人が入手するには、大義名分が必要であった。

そこで彼らが考えた第一の大義名分が、「物々交換《レスカテ》」またはその動詞の「物々交換する《レスカタール》」という言葉の使用だった。[21]ここでいう「物々交換」とは、鈴、留めピン、手鏡、色とりどりのビー玉など、スペイン人が「安物」と呼ぶ品々を先住民にわたし、かわりに彼らの真珠と黄金を入手することであった。[22]実際、コロンブスは第一回航海で彼らの鈴やビー玉と先住民の金製の鼻輪を交換し、[23]ヴェスプッチは鈴一個で一五七個の真珠を獲得している。

「物々交換」は普通は平和裡《り》に行われるものであるが、真珠や金との交換では暴力や脅迫、殺戮《さつりく》を伴う略奪行為であることも少なくなかった。そもそも人間の欲には際限がない。先住民との「物々交換」でいくら真珠や金を手に入れても、スペイン人はそれだけでは満足しなかった。むしろ真珠や金が見つかれば見つかるほど、もっともってくるよう要求した。集落の首長を人質にとり、拷問して脅すことで、最後の真珠の一粒、古びた黄金のかけらまでむしりとった。真珠や金が見つからなければ見つからないで、腹いせのために住民を殺した。[24] ただ、スペイン人は「物々交換」という言葉を使い続けることで、暴力行為を隠し、真珠や金を獲得する行為の正当性を装い続けたのである。[25]

真珠略奪の正当化――カニバル神話

略奪行為の正当化の第二の大義名分がカニバル神話の創出であった。カニバル神話は、ベネズエラ沿岸部に暮らしていた先住民のカリブ族に食人種（カニバル）のレッテルを張ることで作り上げた虚構である。一五〇三年のスペインの法令は、先住民が食人種ならばその人物の奴隷化を認可した。つまりスペイン人は、食人種の先住民を襲撃し、捕獲し、奴隷にすることが可能となったのである。[26] 食人種とされたのがベネズエラのカリブ族で、スペイン人は彼らを徹底的に襲撃していった。多くの先住民がいる中、カリブ族が対象にされたのは、彼らが真珠と金の豊富なベネズエラ沿岸部に暮らしている上、毒矢でスペイン人を襲うなど、反抗的な態度を取り続けたからであった。

こうして、カリブ族が真珠の「物々交換」を拒否しても、スペイン人はカニバルへの攻撃という大義によって、彼らの真珠と金を奪うことを正当化できるようになった。しだいにティエラフィルメ全体がカリブ族の住処と見なされるようになり、スペイン人がベネズエラの先住民を襲撃できる地域が拡がっていった。[27]

これまでカニバル神話は、先住民の奴隷化の正当化から研究されてきた。真珠史の観点では「南米カリブ海真珠生産圏」の先住民の所持品である真珠と金を奪う大義名分になった。このことも忘れてはならないだろう。

真珠の略奪による富裕化

一五〇三年、スペイン王室はセビリャに通商院を設置し、新世界に関するヒトとモノの移動を一元管理するようになった。インディアスからもたらされる真珠や金は、その一定額が徴収されるようになった。通商院の設置は、ベネズエラ沿岸部で繰り広げられていた真珠をめぐる狂騒と無縁ではなかった。[28] スペイン王室は食人種の奴隷化を認め、カリブ族への襲撃と真珠や金の略奪を容認する一方、通商院を設置することで彼ら自身も新世界の真珠と金を獲得する道筋をつけたのだった。

オビエドは『インディアス史概説・自然史』の中で、インディアスには「大粒真珠《ペルラス》や真珠《アルフォーファル》」などの貴重な物品があると述べ、別の箇所では「スペイン人の多くがここインディアスの征服や平定の最中に傷つき、命を落としたが、富を手に入れ、救われたものも多数いたのである……これまで同様今後も、莫大《ばくだい》な量の金、銀、真珠《ペルラス》などの財宝……がスペインにもたらされるだろうということである」(染田秀藤・篠原愛人訳)と記している。[29]

この時期のスペイン人は、ベネズエラ沿岸部に拠点や商館を設けなかった。カリブ族は勇猛だったため、スペイン人が定住を恐れていた側面もあった。しかし、彼らは定住しなくても、エスパニヨーラ島や新たにスペイン領となったサンフアン島から「南米カリブ海真珠生産圏」に航行し、略奪を繰り返すだけで、潤沢な真珠や金を入手できたのだった。

3　「南米カリブ海真珠生産圏」の真珠採取業

スペイン国王が促した真珠島への入植

一五〇八年か一五〇九年ごろにスペイン人は真珠採取業に乗り出すようになった[30]。スペイン人による水産業の開始である。最初の拠点になったのが、クバグア島だった(図2)。面積約二四平方キロメートルの乾燥した不毛の小島であった。ベネズエラ方面の名高い真珠採取地はマルガリータ島であったが、その南方のクバグア島が選ばれたのは、居住する先住民があまりおらず、襲撃の危険が少なかったからだろう。

この入植の特徴は、スペイン国王が前向きだったことである。一五〇九年五月三日の勅令では国王はクバグア島を「真珠島《イスラ・デ・ラス・ペルラス》」と呼び、この島は小さな島なので、二〜三人のキリスト教徒に警備させれば、入植者を活気づけ、不安を取り除けると述べ、国王自身が入植を促している[31]。一五一二年十二月十日の王令は、エスパニョーラ島とサンフアン島の市民、居住者、滞在者は、司令官や判事などから許可証を入手すれば、だれでも自由に真珠を採取し、「物々交換する」ことを認めている[32]。その一方で、獲得した真珠の五分の一税の支払いも命じている。五分の一税とは臣民が得た財宝の五分の一を国家に納める税のことで、真珠の場合は先住民との「物々交換」や海から得られた真珠に対して課せられた。また、三カラット(直径七・六ミリ)以上の真珠は国王が得ることになっていた。[33]スペイン王室は税としての真珠獲得の意図があって、クバグア島への入植を熱心に勧めていたのである。

こうしてクバグア島では入植者が増えていった。当初は「物々交換」の比重が高かったかもしれないが、真珠採取も軌道に乗るようになった。一五一三年にはすでに一〇〇マルコ(二三キロ)の真珠が五分の一税として支払われた。[34]オビエドは、時期は明言していないが、クバグア島の真珠の収益はきわめて大きく、大粒真珠と真珠で国王への五分の一税が支払われており、一万五〇〇〇ドゥカドの価値があったと記している。[35]密輸や隠匿などもあるため一概にいえないが、クバグア島全体で七万五〇〇〇ドゥカド相当あるいはそれ以上の真珠が獲得されていたのだろう。五分の一税を納めたあとの真珠は、多くの場合、関係者によってスペインに輸出された。

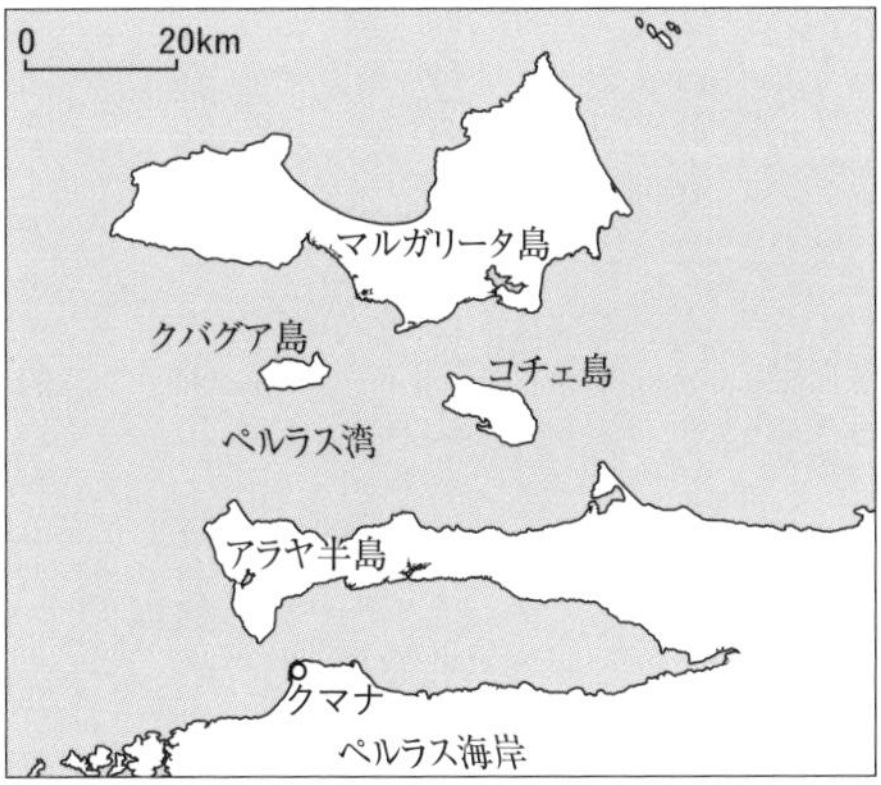

図2　ベネズエラ沿岸部、マルガリータ島、クバグア島

このように、早くも一六世紀前半にスペイン領アメリカでは真珠採取業が成立し、真珠は新世界が生み出す重

要な富となり、特産品となったのである。

真珠採取業で栄えた自治都市の誕生——クバグア島

クバグア島のスペイン人入植地は、一五二〇年の先住民の反乱と襲撃で大きな被害を受けたが、翌年の一五二一年には復興し、その後、目覚ましい発展を遂げていった。行政長官《アルカルデ・マヨール》が入植地の整備を行い、道路は舗装され、格子状に整えられた。市民には宅地が分配され、石材の住居が建造された。入植地はヌエバカディスと命名され、スペイン領アメリカに水産業で栄える都市が誕生した。[36]

ヌエバカディスは市参事会による統治組織をもつ自治都市《レプブリカ》であった。スペイン領アメリカでは市民の資格は定住の家を所有していることであったが、真珠採取地ではカヌーの所有が条件であった。毎年、市民から行政担当の四人の市参事会員、司法担当の普通判事、それに書記が選挙で選ばれた。こうした自治の特徴は、鉱山業や織物業の定住地には見られない特徴であった。[37]

その一方で、クバグア島には監視官、副官、司法官、商務官、会計官、財務官などの王室任命の官吏が何人も派遣されていた。彼らのおもな任務は五分の一税の真珠を遺漏なく徴収することであった。その任務についてはあとで見ることにしよう。

一五二〇年代後半のクバグア島には、居住登録している二二三人の市民をはじめ、王室官吏や先住民、黒人、商人など、一〇〇〇人を超す人々が暮らすようになっていた。[38]

オビエドは、クバグア島は大変小さく、水もない不毛の土地で、いろいろ困難があるが、「ここにはヌエバカディスと呼ばれる立派な自治都市があり、その富は莫大《ばくだい》であり、それゆえ、キリスト教徒が暮らしているインディアスの中でも、これほど豊かで利益を出しているところはない」と述べている。[39]ベネズエラの沖に浮かぶ小島は、市民から選ばれた市参事会のメンバーによる自治が行われる先端的で豊かな水産業の都市であった。

クバグア島からグアヒラ半島へ

クバグア島の繁栄は長くは続かなかった。一五三〇年代後半になると真珠貝の枯渇が顕著となり、真珠の生産量が落ちていった。一五四一年、クバグア島は大きなハリケーンに見舞われて、壊滅的な被害を受け、真珠採取はしばらく途絶えることになった。

その少し前、コロンビア側のグアヒラ半島沖で優良な真珠漁場が発見され、クバグア島の真珠採取業者の多くはこの半島北西部のベラ岬に向かっていった[40](図3)。当時、スペイン領アメリカ内の住民の移動は一般に禁じられていたが、スペイン王室は法令を発布して、クバグア島の真珠採取業者の移動を例外的に認めている。[41]

一五四〇年、ベラ岬の移住地に正式に自治都市が成立した。その場所はベネズエラ総督領の管轄内に位置していたが、それには属さずに、クバグア島同様、自治都市として発展することになった。[42]クバグア島の監視官、会計官、財務官などの王室官吏も真珠業者を追うように新天地に移住してきて、真珠の徴税を担当した。[43]

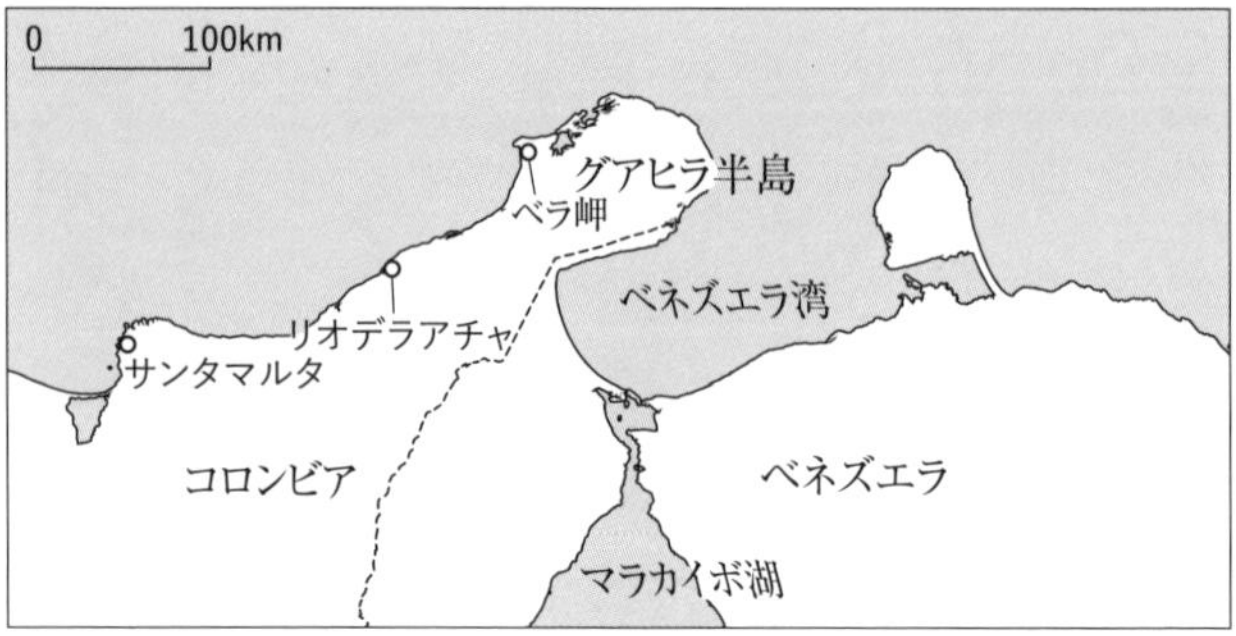

図3　コロンビア沿岸部、グアヒラ半島

ベラ岬はクバグア島よりカリブ海の外洋に面しているため、フランスやイギリス海賊の激しい攻撃にさらされることになった。真珠採取業者はさらに安全な場所を求め、一五四五年、南方のリオデラアチャに再移転した。[44] それ以降、この地が「南米カリブ海真珠生産圏」のコロンビア側の真珠採取地として繁栄することになった。

マルガリータ島とクマナの発展

クバグア島の真珠業者の一部はマルガリータ島にも移住した。もともとマルガリータ島は、スペイン人来航以前から真珠の採取地兼取引地であり、一六世紀においても「南米カリブ海真珠生産圏」の一翼を担っていた。ただ、この島は一五二五年から一五九三年までビリャロボス家という一族の世襲総督領という特殊なケースとなっていたため、クバグア島やベラ岬ほど王室官吏による統制が十分浸透していなかった。

マルガリータ島と並ぶベネズエラ側の代表的真珠採取地がクマナであった。クマナを中心とするベネズエラ沿岸部は、スペイン人と先住民が共存する共同体設立の計画をいだいていた聖職者ラス・カサスの入植予定地になったことがあった。一五二〇年、ラス・カリスと国王との間で協約が成立し、彼に広大な土地が譲渡されたのである。ラス・カサスの入植計画は「クマナ計画」として知られており、植民地の経営方針では真珠や金の獲得も構想されていた。しかし、ラス・カサスがこの地におもむいた時、すでに先住民とスペイン人との抗争が激化しており、入植計画は失敗に終わった。[45] その後のスペイン人の入植も思うように進まなかった。ようやく一五六九年になってクマナにスペイン人の都市が創建され、以後、スペイン人による真珠採取地として発展することになった。[46]

このように「南米カリブ海真珠生産圏」では、初期にはクバグア島でスペイン人の真珠採取業が発展したが、真珠貝の枯渇で途絶えたあとは、グアヒラ半島のベラ岬やリオデラアチャ、マルガリータ島やクマナで真珠採取業が継続されることになった。

一五九三年の法令は、マルガリータ島やリオデラアチャの海域で新たな真珠の漁場が発見された場合、三年間にわたって五分の一税を十分の一税にすると定めている。[47] 当時、新世界の最大の財宝は銀となっていたが、スペイン王室は真珠採取業者を税制面で優遇することで、さらなる真珠の生産も望んでいたのである。

4　個人にチャンスを与えた真珠採取業

真珠採取業の個人事業者

「南米カリブ海真珠生産圏」において真珠採取に従事したのは個人事業者であった。スペイン王室は真珠採取業の育成のため個人の自由参入を認めていた。すでに見たように、一五一二年十二月十日の王令では、市民などが司令官や判事から許可証を得れば、だれでもクバグア島で自由に真珠を採取できることになっていた。一五三三年の法令でも自由参加の方針は維持されているが、官吏の前での登録が義務づけられており、規制が強化されている。[48] 無許可や無登録の個人事業者たちも増えていたようである。

こうした個人事業者にとって重要なのは、カヌーと何人かの先住民の潜水夫を所有していることであった。個人の真珠採取業者はカノエーロ(カヌー所有者)と呼ばれており、カヌーが彼らの生産手段であり、市民として暮らす要件であった。カヌーは先住民との「物々交換」で手に入れることができた。初期のカヌーは七〜八人乗りだったが、一六世紀後半には二〇人以上が乗れるカヌーもあった。この時代になると、選挙権のある真珠採取業者の資格は、少なくとも一二人の「黒人潜水夫」を所有していることであった。[49]

個人事業者には、マジョルドモと呼ばれる不在地主の管理人の立場の人たちも存在した。もともとマジョルドモは、エスパニョーラ島やサンファン島などの植民地エリートや現地有力者たちの家人であった。スペイン王室がクバグア島への入植を奨励するようになると、植民地エリートたちは、自分たちのマジョルドモをクバグア島に送り込み、彼らに真珠採取を担当させるようになった。マジョルドモはカヌーを調達し、一〇人前後の先住民の潜水作業班を作って、先住民に真珠採取を強要した。中には五〇人の潜水夫を管理するマジョルドモもいた。[50] マジョルドモは、主人にかわって真珠採取を牛耳《ぎゅうじ》っていたので、個人事業者とも見なすことができる。彼らにとって私腹を肥やすことは容易であった。

マジョルドモやカノエーロ、潜水夫などが暮らす海辺の真珠採取基地はランチェリアと呼ばれていた。クバグア島の繁栄期には一〇〇のランチェリアがあり、近隣の島々でもランチェリアが作られていた。[51] オビエドは、クバグア島の豊富な大粒真珠と真珠が「個人」の儲《もう》けを多大にしたと記している。[52] 真珠採取業は個人が自由に参入でき、少ない初期投資で利益を出せる産業だった。

一五三〇年代になると、クバグア島の真珠の名声はヨーロッパ中に鳴り響くようになった。ファン・デ・ラ・バレイラのようなセビリャの下級貴族で実業家の人物なども関心を示し、真珠事業への投資を画策した。一五三六年、彼は代理人にクバグア島のある真珠業者の事業の四分の一を買い取るよう指示を出している。その後の詳細は不明であるが、バレイラは一五四八年に真珠をリオデラアチャの財務官に約一〇六六ドゥカドで売却したことが知られている。[53]

クバグア島沖の真珠漁場は枯渇状態になったが、一七世紀初期になると回復しつつあったようである。一六〇九年の法令は、クマナとマルガリータ島のマジョルドモやカノエーロたちがクバグア島や近隣の島に行って、ランチェリアを作り、（真珠貝をとりすぎたために）損傷が出たと説明し、それを回復するために、行政長官の許可なく彼らがクバグア島などに行くことを禁止している。従わないと二〇ペソ（二四ドゥカド）[54]の罰金とランチェリアからの六年間の追放だった。[55]この法令から一七世紀初期においても真珠採取の第一線にいたのはマジョルドモやカノエーロであったことが明らかになる。また、クバグア島の真珠漁場が回復傾向だったこともわかる。

近年、エコロジーの研究分野ではクバグア島の真珠採取業による真珠貝の枯渇は、人類の経済活動による水産資源枯渇の初期の事例として注目されている。[56]ただ、こうした研究はクバグア島の真珠貝が再び増え始めていたことは議論しない。しかし、一七世紀初めの法令は真珠漁場の復活傾向を語っている。クバグア島の海域は、水産資源の枯渇と再生の事例なのである。

製糖業と真珠採取業

スペイン領アメリカの主要な産業の一つが製糖業であった。ラス・カサスやオビエドは一六世紀の製糖業について記しているので、真珠採取業と比べてみよう。彼らによると、製糖工場には、馬の力を利用してサトウキビを圧搾するトラピチェ型工場と、水力を利用する大規模なインヘニオ型の工場があった。トラピチェ型工場なら三〇～四〇人、インヘニオ型工場は八〇～一二〇人の人員を必要とし、インヘニオ型の工場の初期費用は一万～一万二〇〇〇ドゥカドだった。製糖業にはサトウキビを栽培する畑と農夫も欠かせず、食料用の牛も数千頭必要とした。[57]そうして生産された砂糖の価格は一アローバ(約一一・五キロ)が一～二ドゥカドだった。[58]

こうして見ると、製糖業は労働集約的・資本集約的な産業であり、規模の大きさで利益を出す産業だったことがわかる。起業に関心のある者が製糖業に参入したくても、参入障壁が高く、一個人では難しかった。大資本をもつ者だけが参入できる産業だった。

一方、真珠採取業は、カヌー一艘《そう》と潜水労働者が一〇人前後いれば、個人でもカノエーロとして事業を立ち上げることが可能であった。真珠の価格については、一六世紀前半のクバグア島では普通の「真珠《ペルラ》」は一マルコ(二三〇グラム)あたり一二ペソ(一四・四ドゥカド)と法令で定められていた。「巻きのよい特上《グルエソ・ムイ・ブエノ》の真珠《アルフォーファル》」だと一マルコ八〇ペソ(九六ドゥカド)の価値があった。[59]

一概に製糖業と真珠採取業との比較は難しいかもしれないが、初期投資、諸設備の建設、労働者の人数、商品価格などにおいてきわめて対照的である。真珠採取という水産業は、少ない初期投資で収益も期待できるので、意志のある個人事業者を引きつけ、彼らにチャンスを与えたことがわかる。ただ、真珠採取業には製糖業と比較しても、大変困難で、なかなか克服できない問題があった。それは労働者が水の中で作業するという過酷な環境におかれることであった。

5　潜水労働者と奴隷制水産業

潜水労働者としての先住民奴隷

真珠採取は水深数メートルから十数メートルの海に潜り、海底の岩礁に張りついている真珠貝をはがし、集めていく作業である。しかし、当時のスペイン人は潜水に不慣れで、彼ら自身は海に潜らなかった。[60]では、彼らはどのように潜水労働力を調達したのだろうか。

真珠採取の潜水労働の実態を知る上で欠かせない史料が、ラス・カサスの『インディアス史』である。ラス・カサスはその初期には先住民を使役する植民事業者であったが、その不正に気づいて以来、先住民を解放し、彼らの救済のために尽力した聖職者である(図4)。失敗に終わった「クマナ計画」もインディアス改革のための彼の打開策の一つであった。ここでは『インディアス史』やラス・カサスがかかわった「インディアス新法」などを参照しながら、当時の潜水労働の実態を見ていこう。

初期の主要な潜水労働力となったのが、当時、ルカーヨ人もしくはユカーヨ人と呼ばれていたバハマ諸島のアラワク系先住民であった。バハマ諸島はルカーヨス諸島やユカーヨス諸島と呼ばれていた。この諸島の先住民が目をつけられたのは、その多くが、すでにエスパニョーラ島に拉致《らち》されており、スペイン人社会の中で暮らしていたこと、もともと泳ぎが得意な島人であり、潜水作業に高い適性を示したことなどが挙げられる。こうしてバハマ諸島の先住民が初期の潜水労働力となったが、彼らの立場は奴隷であった。

先住民の奴隷化には大義名分が必要である。ベネズエラのカリブ族の奴隷化ではカニバル神話が有用であったが、ここでは「役に立たない《イヌティル》」というレトリックが使われた。「役に立たない」とは、金などのおもだった資源がないことを意味し、バハマ諸島がそうした「役に立たない」土地と見なされていた[61]。一五〇八年の勅令は、『役に立たない』島々の住民を自由民として扱うならば、エスパニョーラ島などに連行することを認めていた。彼らが反抗的だとわかった場合、あるいは自分の島やほかの島に逃げ帰った場合、その住民は奴隷として扱えることも認められていた[62]。

もともとこの勅令は、先住民に労役を課すことを認めたエンコミエンダ制によって激減したエスパニョーラ島の先住民人口を補い、バハマ諸島の先住民を同島に連行するために考案されたものであった。彼らが移住に抵抗すると、奴隷にすることができたので、多くの住民が奴隷としてエスパニョーラ島に連行され、スペイン人に使役されていた。

ラス・カサスの『インディアス史』によると、ちょうどそのころ、クバグア島で真珠採取業が勃興した。スペイン人は、エスパニョーラ島にいたルカーヨ人をクバグア島に送り込んだという。ルカーヨ人は当初四ペソ（四・八ドゥカド）で売買されていたが、

図4　ラス・カサスの肖像画（インディアス総合古文書館蔵）

真珠採取業の発展で彼らの需要が高まると、一〇〇ペソ（一二〇ドゥカド）ないしは一五〇ペソ（一八〇ドゥカド）に価格が高騰したという。[63] バハマ諸島の先住民は、奴隷の身分のまま、人身売買の対象となり、クバグア島での潜水作業に従事することになった。「南米カリブ海真珠生産圏」の初期の真珠採取業は、まず先住民奴隷を潜水労働者にする「先住民奴隷制水産業」として成立したのだった。

ラス・カサスの先住民「絶滅」の言説

ラス・カサスは『インディアス史』第三巻一六五章で、当時の真珠採取の様子を詳述している。その抄訳は次のとおりである。

インディオはカヌーに乗せられ、水深三～四エスタード（約五・九～七・八メートル）の沖に連れていかれる。そこで海に飛び込むよう命じられる。インディオは海底まで潜り、真珠の入った貝を集める。水面に現れて息継ぎなどでぐずぐずしていると、スペイン人の獄吏から早く潜るよう棒で殴られる。インディオはこの間ずっと泳ぎ続け、腕の力で体を支えていなければならない。日の出から日没まで真珠採りの作業は続く。彼らはいったんこの島に連行されてきたら最後、一年中こうした生活が続く。食べ物は満足に与えられず、寝床は地べたに直接木の葉や草を敷いただけである。しかも脱走を防ぐため足には鉄の鎖がかせられる。インディオが水中へ潜ったまま再び姿を現さないこともあるが、それはすっかり疲れ果てて、そのまま溺れ

てしまったか、海の獣に殺されたり、呑《の》み込まれたりするからだ。〔長南実訳を抄訳〕[64]

このあとのラス・カサスの記述を引用すると、次のとおりである。

わが同胞たちは彼らインディオに対して、地獄のような日々の生活を強制するために、その結果、彼らの大部分の者は短期間のうちに、精根尽き果てて絶命してしまう。なぜならば、日々の生活の大部分を、水の中で息を止めて過ごす人間が、生きてゆくことが一体可能であろうか。生活のほとんど大半を、水の中で呼吸を止めて過ごすために、胸が強く圧迫されるだけでなく、水の冷たさが体をこわしてしまい、彼らは口から血を吐き出し、血の下痢をしながら死んでゆくのが普通である……こうした命取りの労働と絶望的な生活のために、本書の第二巻で述べてあるごとく、ユカーヨス諸島の原住民は死滅し、彼らのあとで今度は、そのほかの方面から連れて来られたが、それらのインディオも、やはり無数の者たちが同じ運命に見舞われた。〔長南実訳、以下の直接引用も同じ〕[65]

ラス・カサスの真珠採取の描写はきわめて具体的である。彼自身は一五二一年十一月にクバグア島を訪れているので[66]、実際に目撃した真珠採取の状況を記したものだろう。「日々の生活の大部分を、水の中で息を止めて過ごす人間が、生きてゆくことが一体可能であろうか」というコメントは、現場で得た感想だろう(図5)。

ラス・カサスが言及していた第二巻ではその四五章で次のように述べている。

真珠採りというその作業はまさに地獄の仕事であるから、ルカーヨ人たちは非常な危険にさ

図5　クバグア島の真珠採取を描いた16世紀のイラスト（Theodor de Bry, *Americae*, Pars Quarta, 1594）

> らされ、いのちを失うことになった……エスパーニャ人たちは彼らを全部船に乗せて、その小島へ運んで行ったのである。そして、金鉱で金を採掘するよりもずっと苛酷な、その困難で危険きわまる作業に従事させた結果、そんなに長い年月がたたないうちに彼らを殺戮《さつりく》し、絶滅させてしまった。われわれがルカーヨス諸島あるいはユカーヨス諸島と呼んでいる島々に……無数に住んでいたひとびとは、このようにして死に絶えたのである。[67]

ラス・カサスは、真珠採取で使役された結果、バハマの住民が絶滅したと述べている。『インディアス史』の特徴は、このような絶滅の話が右記の箇所だけでなく、ほかの箇所でも繰り返し、断片的に出てくることである。第三巻三九章では、真珠採取の利益の増大によりスペイン人はユカーヨス諸島で徹底的に人間狩りを行って、彼らをクバグア島に送り込み、そこで真珠採りに投入されたユカーヨ・インディオは「例外なく消耗し、結局死滅していった」と語っている。[68]この記述からバハマ諸島の先住民はその地で捕獲され、直接クバグア島に送られるようになり、そこで死んでいったことがわかる。第三巻一五七章では、クバグア島のマジョルドモの任務は真珠の採取であり、その労働でユカーヨ人たちを「どんどん死亡させ、結局は絶滅させてしまった」と述べている。[69]

『インディアス史』のルカーヨ絶滅の箇所のスペイン語を分析すると、「殺す」(*matar*)、「殺し尽くす」(*acabar*)、「衰滅させる」(*consumir*)、「息絶えて消滅する」(*fenecer*)などの殺戮や消滅を示す動詞が単独や並列で使用され、直説法線過去や直説法点過去で表現されている。[70]こうした法と時制は、実際にあった出来事が終了したことを述べるために使われるものであり、『インディアス史』ではルカーヨの住民が殺され、絶滅したことが、すでに終わった過去の出来事として記されている。

『インディアス史』の中でルカーヨ絶滅の話が繰り返し、断片的に出てくるのは、この書物の執筆でクバグア島やルカーヨ人の話となるたびに、彼らの絶滅を語っておきたいというラス・カサスの強い意志が働いたからだと思われる。実際はバハマ諸島の先住民すべてがクバグア島に連行されて死滅したわけではなかっただろうし、女性や子どもなどは家内労働に従事して生き延び、混血も進んでいったかもしれない。ただ、バハマ諸島の先住民が人間狩りの対象となり、真珠採取の潜水労働に投入されたことで、彼らの多くが死亡し、その人口を激減させていったこと、それによってバハマ諸島の先住民社会が破壊されていったことは事実だろう。

歴史の証言者としてのラス・カサス

ラス・カサスは、歴史書を著わそうとする人たちの執筆動機の一つには、自分が実際に見た事物や出来事が事実として世に知られていない状態であれば、「事実」を消滅させまいとする熱情をもって明示しようとする思いがあると述べ、これが彼自身の『インディアス史』の執筆動機でもあったことを「序文」の中で語っている。[71]

実際、「序文」を読むと、ラス・カサスは、自分がインディアスの現場にいて、歴史が展開するのを目撃してきたという自負、その出来事を一五二七年から書き続けてきたという誇り、事実を書けるのは自分しかいないという矜持《きょうじ》、正しい事実を書くことが神の意志、スペインの国益に叶《かな》うという強烈な信念をもっていたことがわかる。

ラス・カサスは、スペイン人入植者による先住民への虐待の阻止を訴えて、一五四〇年代初めにスペイン宮廷で活動しており、その一環として『インディアスの破壊についての簡潔な報告』という国王への報告書を作成した。その中でも真珠採取の過酷な状況を語っている。[72]しかし、『簡潔な報告』はプロパガンダであり、内容は誇張されていると考える研究者も存在する。一方、『インディアス史』は一五五九年にほぼ完成するが、当時の検閲強化の情勢の中、出版の見込みがないと判断したラス・カサスが、脱稿後四〇年間は門外不出にすることを決心して書きあげた書物である。[73] 刊行のあてなく書いた書物であり、真実を後世に伝えたいという強い意志がなければ、完成しない書物であった。ラス・カサスは『インディアス史』を後世に託したのである。石原保徳は「新しい世界史記述の誕生」の中で、ラス・カサスの『インディアス史』の「序文」の重要性を指摘し、ラス・カサスが「真相の報道」を心がけ、死んでいったインディオとともに正義を実現しようとしたと主張している。[74] 真珠採取によるルカーヨ「絶滅」の話は、ラス・カサスが歴史の証言者として後世に伝えるべき出来事として書いたものだった。

当時のスペイン人歴史家のフランシスコ・ロペス・デ・ゴマラは、一五五二年刊行の『インディアス史概説』の最終章で、スペイン人の栄光ある征服活動を讃《たた》えたあとに、この征服活動の負の部分は、荷物の運搬、真珠採取、鉱山でインディオに多大な重労働を課してきたことだと述べている。さらに、多くのインディオを殺戮してきた人物たちは、ことごとく悲惨な死に方をしているが、私見ではそれは神の罰である、と締めくくっている。[75] スペイン人の活動を賛美する歴史書のほぼ最後の箇所で、真珠採取や鉱山で死んでいった先住民にゴマラは思いをはせている。真珠採取で多くの先住民が死んだことは、当時のスペイン人もたしかに認識していたのである。

アフリカ人奴隷の投入

真珠採取の潜水作業は致死率の高い労働である。真珠採取業者は恒常的に潜水労働力の不足に悩んでおり、先住民奴隷だけでなく、アフリカ人奴隷も使役するようになった。

一五二六年、スペイン王室から許可状を得たバスク人奴隷業者が三〇人の黒人奴隷をクバグア島に輸送した。しかし、クバグア島の行政長官の反対で一部の奴隷しか降ろせなかった。黒人奴隷が増えると、カヌー上での反乱や逃亡の恐れが高まるために、クバグア島の関係者はその使役や輸入には消極的であったからという。[76] 彼らはすでにアフリカ人奴隷の行動傾向を知っているため、このエピソードは、クバグア島へのアフリカ人奴隷の輸入は一五二六年以前に始まっていたことを示唆している。

バスク人奴隷業者は、一五二七年には国王の許可なく一七人の黒人奴隷をクバグア島に運び、一五二八年には国王から新たな許可を得て、三〇人の黒人を輸送した。[77] 真珠採取業者はアフリカ人奴隷より扱いやすい先住民奴隷を好む傾向があったが、アフリカ人奴隷もやはり必要とされていた。一五二〇年代のクバグア島の真珠採取業は「先住民奴隷制・黒人奴隷制水産業」として発展したのである。

「インディアス新法」の建前と本音

その後、スペイン王室は真珠採取における先住民奴隷の使役を見直そうとした。きっかけになったのが、一五四二年に発布された「インディアス新法」であった。この「新法」は、先住民の保護を強く訴えるラス・カサスの影響下で成立した四〇条からなる植民地統治法で、将来的な先住民の奴隷化の禁止、先住民の強制労働の禁止、エンコミエンダ制の段階的廃止などをおもな内容とする。[78]「新法」の第二一条は、今後はいかなる理由であれ、先住民を奴隷にすることはできず、臣民として扱うことを命じ、第二三条は、先住民奴隷の非合法の所有があった場合、彼らを解放できるが、そうでない場合は、不当な奴隷の所有にならないと定めている。第二四条は、強制的または無報酬での先住民の荷物運搬の使役の禁止である。第二五条は真珠採取における労働力の在り方を命じており、その内容は、次のとおりである。

真珠採取が、人々が同意した適切な規律で運営されておらず、多くのインディオと黒人の死亡が続いているという報告がもたらされたので、我々は次のことを命じる。自由民のインディオをだれ一人、彼の意に反して、先述の真珠採取に送り込んではならない。違反者は死刑である。ベネズエラを視察する司教と判事は、インディオであろうと黒人であろうと、先述の真珠採取で働く奴隷たちにとってもっとも適切と思われる措置を講じ、彼らを保護し、その死をくい止めなければならない。もし、先述のインディオや黒人の死の危険を回避できないと思われる場合は、真珠採取を中止しなければならない。なぜなら我々は、真珠が我々にもたらす利益よりも、彼らの生命の保護をより高く尊重するからである。[79]

この条項の最後では、真珠の利益よりインディオや黒人の生命の保護を優先すると謳《うた》っており、まず読む者を感動させる内容となっている。その一方で、当時、真珠は国王の利益と直結する商品であったことも想起される。この第二五条はその人道的な表現から奴隷の使役を厳しく禁止したように見えるが、実は必ずしもそうではなかった。少し慎重に内容を吟味してみよう。

第二五条では ベネズエラという地名が使われている。「インディアス新法」は一五四二年成立なので、この条項は、ベネズエラ総督領内のグアヒラ半島のベラ岬の真珠採取をおもな対象にしたものだった。当時のベネズエラ総督領はベネズエラ西部とコロンビア東部を管轄する総督領で、今日のベネズエラ・シモンボリバル共和国の国土とは異なっている。条項の前半には、自由民のインディオを真珠採取に送り込んではならないとあるので、自由身分の先住民がすでに使役されていたことがわかる。また、後半部分には「インディオであろうと黒人であろうと、先述の真珠採取で働く奴隷たち」という表現があるので、先住民奴隷と黒人奴隷も使役されていた。

自由身分の先住民については、第二五条は彼らの意に反する強制的な使役を禁じ、違反者は死刑という厳罰を課している。一見、厳しく先住民の使役を禁止したようにみえるが、裏を返すと、自発的な意志のある自由身分の先住民は使役することが可能であった。

すでに奴隷となっている先住民の使役については、第二五条は具体的に規定していない。「インディアス新法」の第二一条は将来的な先住民の奴隷化を禁止しているが、第二三条は奴隷身分の先住民の合法的所有は認めていた。したがって、スペイン人は合法的に所有している先住民奴隷を引き続き真珠採取に投入できた。

黒人奴隷に関しては、真珠採取での使役は認められていた。第二五条はインディオや黒人の奴隷を適切に扱うことを求めているが、真珠採取に従事させることは禁止していない。

このように見ていくと、「インディアス新法」には将来的に先住民奴隷を禁止し、「黒人奴隷制水産業」に移行させたい意図があったことがわかる。ただ、自由民の先住民やすでに奴隷の先住民の使役は全面的に禁止しておらず、抜け道が残っていた。人道的で、先住民保護を強く打ち出したように見える「インディアス新法」にも、現状追認の姿勢があったのである。

「インディアス新法」が発布されると、スペイン人入植者たちの抗議が相次ぎ、この法令は徹底されなかった。しかし、スペイン王室は真珠採取の労働力問題に関心を示し続けた。一五八五年六月二日付の法令は、真珠採取に黒人の使役を命じる一方、インディオの意志に反した強制労働を禁止しており、違反者は死刑に処すと述べている。この内容は「インディアス新法」の踏襲である。一六〇一年にも同じ内容が発布されている[80]。こうした法令の繰り返しは、真珠採取業者が引き続き、強制的に先住民を使役していたことを示している。スペイン領アメリカではしだいに先住民奴隷は減少していったので、一六世紀後半の真珠採取業は「先住民強制労働制・黒人奴隷制水産業」となっていた。

モスクやドンキン、ウォルシュなどの研究者は、「インディアス新法」や一五八五年の法令などによって、真珠採取における先住民の使役は禁止され、黒人奴隷の使役に移行したと論じてきた[81]。しかし、実際は一六世紀を通じて黒人奴隷とともに、自由身分の先住民が強制的に真珠採取の潜水作業に従事させられていたのである。

西アフリカからの奴隷の輸入

「南米カリブ海真珠生産圏」に送られたアフリカ人奴隷の多くは西アフリカ出身だった。ギニア、アンゴラ、ヴェルデ岬諸島などのポルトガル領から拉致されてきた。K・ドーソンは、西アフリカの人々は川や湖の近くや海辺で育った人も多く、泳ぎが達者なため、アフリカ人奴隷は潜水作業などに適性を示したと述べている。[82] 彼らは沈没船の荷物の回収などで使役されたが、真珠採取地も泳ぎの得意なアフリカ人奴隷の行き先の一つであった。

アフリカ人奴隷は二つのルートで「南米カリブ海真珠生産圏」に送られた。一つはアシエント契約(奴隷供給請負契約)による正規ルートであり、もう一つはヨーロッパの私掠船《しりゃくせん》による奴隷の密貿易である。

アシエント契約による奴隷の輸出は、事前に輸送人数や奴隷の売却先を決めてスペイン王室と契約を結んだ事業者によって実施された。[83] すでに見たように、一五二六年には黒人奴隷をクバグア島に輸送するアシエント契約が成立していた。一五六七年にはエルナンド・デ・ルケという人物が、七年間にわたって真珠の産地へ二九人の黒人奴隷を運ぶというアシエント契約を締結している。[84] 一五七七年にはリオデラアチャの真珠採取業者がカヌーのこぎ手として二〇〇人の黒人奴隷を輸入する許可を得、一五八二年にはルイス・デ・レイバという人物に二五〇人の奴隷をマルガリータ島に輸入する許可が与えられている。[85]

一六世紀のイングランド、フランス、オランダの私掠船の船長たちやポルトガル人奴隷商たちも、真珠採取地へのアフリカ人奴隷の密輸を積極的に行った。真珠採取地は海に面しているため、内陸部の農業プランテーションよりも船舶が寄港しやすく、奴隷を密輸するには格好の場所であった。一五四五年に五隻のフランス私掠船がおそらくリオデラアチャに現れて、六〇人の黒人奴隷を売却した。一五六八年にはイングランド人ジョン・ホーキンスがリオデラアチャを攻撃し、一五〇人の黒人奴隷を売りつけ、代金を金、真珠、銀で受け取った。ブラジル向けに奴隷を輸出するポルトガル商人たちも、カリブ海沿岸部での取引を好んでおり、彼らによって真珠採取地に運ばれたブラジル人奴隷も存在した。[86]

マルガリータ島もアフリカ人奴隷の名高い密輸入先であり、一六世紀末のマルガリータ島には、約一〇〇〇人のアフリカ人奴隷が住んでいた。一六〇二年のマルガリータ島では、アフリカ人奴隷の価格は一人一八〇ペソ(二二六ドゥカド)だった。その代金は真珠で支払われ、その真珠をスペインで売ると一二パーセント増しになったという。[87]

これまでの奴隷制の研究では、水産業におけるアフリカ人奴隷の存在は看過されてきた。アフリカ人奴隷は、初期には家内労働や農業、牧畜などに利用され、しだいにサトウキビなどのプランテーションに大量投入されるようになったと解説されてきた。しかし、南米の真珠採取業はすでに一五二〇年代にアフリカ人奴隷を使役しており、早い時期から「先住民奴隷制・黒人奴隷制水産業」だった。アフリカ人は西アフリカから輸送されており、一六世紀前半には南米カリブ海の真珠採取地とアフリカを結ぶ大西洋奴隷貿易が形成されていた。真珠採取業は、大西洋をまたぐヒトの移動を誘発したグローバルな水産業だった。

6　真珠税をめぐる王権と採取業者の攻防

王室官吏を信じていない真珠税の徴収方法

スペイン王室は早い時期から真珠採取業を育成する政策をとってきた。その背後には真珠入手の意図があったことはいうまでもないだろう。実際、スペイン領アメリカの法令には、真珠行政に関する法令が数多く残されている。一七世紀に編纂《へんさん》された『インディアス法集成』には「真珠漁場について、および真珠と価値ある宝石の送付について」という見出しの下、真珠に関する四八の法令が収録されている。[88]一九世紀後半から二〇世紀初めにかけて編纂された『海外領土に関する未公開文書集』にも「真珠と宝石について」という見出しの下、「物々交換と真珠の五分の一税の正確な徴収のためにクバグア島とベラ岬で施行された基本法」や「クバグア島やほかの真珠漁場に関する基本法」をはじめ、五三の法令が収録されている。[89]こうした法令は、当局がいかに遺漏なく真珠税を徴収するか腐心していたことを示している。

クバグア島などに関する基本法によると、クバグア島には監視官、副官、司法官、商務官、会計官、財務官などの王室任命の官吏が何人も派遣されていた。彼らのおもな任務は、真珠の密輸や隠匿を阻止し、五分の一税を正しく徴収することであり、仕事の内容が細かく定められていた。市民が真珠採取で得た真珠は、等級、価値、採取された年月日、採取した人物とその所有者について記した帳簿を二冊作らなければならず、一冊は監視官と会計官が保管し、もう一冊は市民から選ばれた普通判事が保管した。真珠を五分の一税の課税対象として分ける時は、宝庫担当の書記が立ち会い、個々の真珠の帳簿をつけなければならなかった。司法官と官吏は、一年に二回、真珠の五分の一税の滞納がないかを調査し、違反者を罰し、滞納分の五分の一税を回収することになっていた。[90]

徴収された五分の一税の真珠は、三つの鍵付きの宝庫にあるたくさんの引き出しの中で保管された。鍵は財務官、商務官、判事が保管した。宝庫の残りの引き出しには、市民が所有する真珠が保管された。彼らは鍵をもつことができたが、個々の真珠について等級と価値を記録することが決められていた。宝庫を開ける時には市民に告知があり、宝庫の前にいることができた。[91]

真珠の基本法は、クバグア島の人々の真珠の売買や移動についても厳しく規制している。クバグア島では官吏の前でない限り、真珠の購入や売却が禁止された。司法官と官吏の前で登録しなければ、真珠を島からもち出せず、彼らから許可証を得なければ、大小の船やカヌーのいずれでも、真珠の漁場を除き、島から出ることは許されなかった。[92]

スペイン王室は真珠の過少申告、隠匿、密輸があることを前提として、五分の一税の真珠を漏れなく徴収するために、考え得るさまざまな手を打っていたのである。王室官吏と現地の行政官が住民を監視するだけでなく、彼らも互いに監視する体制となっている。スペイン王室が官吏たちに全幅の信頼をおいていなかったことの現れだろう。王室官吏たちが真珠採取業者と結託して、審査を緩め、真珠を着服することも少なくなかっただろう。クバグア島は市民の自治が認められた先進的な都市であったが、真珠の納税や流通、住民の移動などについては王権の厳しい監視と統制のある閉鎖社会だった。

五分の一税の真珠

スペイン領アメリカでは同じ品質の真珠は、すでに述べたように、一マルコ、すなわち二三〇グラムごとにまとめて袋に入れられた。このマルコが真珠の輸送や流通の基本単位であった。オッテによると、クバグア島の五分の一税の真珠は一五一三年と一四年が一〇〇マルコ(二三キロ)で、一五一五年から二〇年までは年平均一二一マルコであった。一五二一年には二〇〇マルコを上回り、一五二二年から二六年は年平均七〇〇マルコ強となった。一五二七年は一二〇〇マルコ(二七六キロ)を超え、最大の生産量を記録した。その後は減少に転じ、一五二八年から三一年は年平均六〇〇マルコとなり、さらに三〇〇マルコ、二〇〇マルコと下降し、一五三七年からは一〇〇マルコを下回るようになった。[93]

一五一三年から一五四一年までの五分の一税の真珠の総量は一万三二八マルコ(約二トン三七五キログラム)である。この五倍が真珠の生産量になるので、約三〇年のクバグア島の活動期において約一二トンの真珠が獲得されたことになる。この数字が生産量を正確に反映しているわけではないが、大きな数字といえるだろう。

表1　五分の一税の真珠の種類

1	標準の大粒真珠	ペルラ・コムン
2	標準の真珠	アルフォーファル・コムン
3	突起のある真珠	トポ
4	球形の真珠	アルフォーファル・レドンド
5	ロザリオ用の黄色い真珠	アベマリア
6	詳細不明	アバロリオ
7	双子真珠(?)	カデニージャ
8	宝玉真珠	ペドラリア

真珠の分類

国王用の五分の一税の真珠は、だいたい八つの品質に分類された。[94] スペイン圏では真珠は一般に「ペルラ」という語が使われたが、品質の分類では「ペルラ」と「アルフォーファル」が一緒に使われることがあり、それぞれ「大粒真珠」と「真珠」を意味した。八つの品質の名称は、表1のとおりである。「ペルラ・コムン」と「アルフォーファル・コムン」で全体の約八九パーセントを占めており、「トポ真珠」(突起のある丸い真珠)が約九パーセントとなっていた。[95]

こうした分類以外にも二〇～三〇種類の真珠の名称があった。[96]「バロック」(*Berrueco*)という名称もすでに一五一八年に使われている。[97] 一六世紀後半には「アルフォーファル」だけでも一一種類に分けられていた。[98] すでに見たように、一五二九年時のクバグア島では「巻きのよい特上の《グルエソ・ムイブエノ》」「アルフォーファル」は一マルコ八〇ペソ(九六ドゥカド)だった。[99] 一五三一年の法令は、クバグア島の「ペルラ」一マルコを一二ペソ(一四・四ドゥカド)と定めており、この価格で真珠をほかの商品や金と交換できることになっていた。[100]

国王には粗悪品の真珠が送られた

スペイン領アメリカの真珠採取地では五分の一税のほか、真珠の売買時には取引税《アルカバラ》が課され、真珠の出荷時には関税《アルモハリファスゴ》と目的税《アベリーア》が課された。こうした税も真珠で徴収された。[101]

一六世紀後半の「南米カリブ海真珠生産圏」では、リオデラアチャ、マルガリータ島、クマナが三大採取地であった。ほかの沿岸部でも真珠が採取されていた。国王用の五分の一税はリオデラアチャやマルガリータ島に集められ、その地の宝庫で厳重に管理されていた。指定された王室の船が適宜寄港して、真珠を受け取り、セビリャまで輸送した。[102]

この時期、真珠の分類に「海から出たままの真珠《コモ・サレン・デ・ラ・メール》」というカテゴリーが加わった。これは真珠を細かく選別する前に品質の良し悪しで大きく二つに分けた粗悪な方の真珠の総称であった。「海から出たままの真珠」は、その後、分類されないまま出荷された。[103]

一五八七年におそらくリオデラアチャから一隻の船で国王用に運ばれた真珠の内訳が、スペイン人研究者サンスによって明らかにされている。それによると、真珠の総量は八八三マルコ(二〇三キロ)であった。その内訳は「海から出たままの真珠」がもっとも多く三五六マルコであった。つまり粗悪品の真珠が国王用の真珠の四〇パーセントを占めていた。次に多いのが「標準《コムン》」とだけ称された真珠で、二〇一マルコとなっている。さらに「標準の真珠《アルフォーファル》」と「標準よりやや上等の真珠《アルフォーファル》」で合計約一〇マルコ、「フナクイムシに食われた真珠《アルフォーファル》」が二マルコある。「宝玉真珠」が一マルコあり、ほかは「双子真珠」や「トポ真珠」、詳細不明の真珠などである。[104]

こうして見ると、国王用の真珠には必ずしも一級品の真珠が選ばれたわけではなかったことがわかる。むしろ粗悪品などが数多く含まれている。国王はクバグア島の時代から三カラット(七・六ミリ)以上の大粒真珠を彼らの独占にしてきたが、真珠採取業者たちは王室官吏たちの目を盗み、良質の真珠は自分の手元にちゃっかり残していたようである。真珠採取業者のしたたかさが感じられる事例といえるだろう。

五分の四の真珠は真珠採取業者に残る

採取された真珠の五分の四、もしくは五分の四以上がカノエーロやマジョルドモなどの真珠採取業者の手に残っていた。しかも、そうした真珠は国王用の真珠よりも良質であった。彼らの関心はいかに真珠を換金するかであった。真珠の多くはすでに契約しているスペイン本土の商人や仲買人などによって買い取られ、セビリャに送られた。正規ルートの場合、真珠は登録されて、五分の一税の真珠とともに指定された船によってセビリャに輸送された。[105]

一方、真珠採取業者に接触して、真珠を得ようとするスペインやアメリカ植民地の商人や代理人、仲買人たちもあとを絶たなかっただろう。彼らの手にわたった真珠は、カルタヘナやサントドミンゴ、ハバナなどのスペイン領アメリカの主要な貿易港から出荷される物品に紛れさせてスペインに輸送されたり、メキシコ市やリマなどの副王のいる大都市やポトシのように銀の採掘で繁栄する町に運ばれたと考えられる。真珠採取地に派遣された王室官吏たちも、帰任の際に密かにヨーロッパにもち帰っただろう。真珠が密輸されていたことは想像に難くないが、実際は私たちが思うよりも大々的だったかもしれない。実はそうした事例が残されている。

銀よりも多い真珠の密輸額

その事例を記しているのが、一六世紀後半のオランダ人ヤン・ハイヘン・ファン・リンスホーテンの『東方案内記』である。リンスホーテンは、ゴアの大司教の書記として一五八三年にポルトガル領インドのゴアにわたった人物で、一五八九年に帰国の途についた。大西洋のポルトガル領テルセイラ島に滞在中、スペイン領アメリカの銀を輸送するスペイン船隊の旗艦と副旗艦がこの島に寄航した。船隊のキニオーネス提督は司令官としての特権と全権を国王から託された高位の人物であった。リンスホーテンによると、船隊は総額五万ドゥカド以上の銀の延べ棒や銀貨を運んでおり、未登録の真珠や黄金、宝石類も積んでいた。提督自身も彼個人の財産として六万ドゥカド相当の真珠を所持していた。彼は真珠をリンスホーテンたちに見せて、それらを売るか、スパイスか為替手形と交換することを望んだという[106]。

このエピソードは、スペイン船隊が運ぶ新世界の銀の総額よりも多額の真珠が非正規で運ばれていたことを示している。まさに壮大な密輸の話といえるだろう。国王の信頼厚く、全権を任された船隊の提督ですら、未登録で真珠を運んでいた。私たちはやはり非正規ルートによってヨーロッパに流入する真珠を忘れてはいけない。

カリブ海での海賊行為による真珠の輸送

ヨーロッパに真珠をもたらしたもう一つの非正規ルートは、イングランド、フランス、ポルトガル、オランダなどの私掠船《しりゃくせん》や奴隷商船による真珠の密貿易や略奪で、奴隷の輸出とあわせて実施された。彼らはマルガリータ島やリオデラアチャなどに頻繁に出没して真珠を強奪した。ジョン・ホーキンスやフランシス・ドレークなどのイングランド人が奪った真珠は、その五分の一程度がエリザベス一世に献上されたようである。[107]

イングランドのリチャード・ハクルートは、一五八四年の『西方植民論』の中で北米に入植する必要性を説いているが、その理由の一つは南米の諸都市を攻撃する拠点を築くためであった。ハクルートはスペイン領の豊かな町を一つずつ列挙して、その特徴を叙述している。まずクマナを挙げ、「そこでは真珠がたくさん採れる。町の人は各種の船をもっているが、それらはすべて真珠を引き上げるだけに使われる」(越智武臣訳)と述べている。リオデラアチャでは真珠と銀がとれ、真珠貯蔵庫があると記し、マルガリータ島はたくさんの真珠がとれると説明している。[108] ハクルートにとって南米の豊かな都市とは真珠採取地のことでもあった。

私掠船や海賊の登場は、これまでスペイン人が独占してきたカリブ海の状況がかわりつつあったことを示している。一六二九年のスペインの法令は、リオデラアチャの真珠採取地は敵や私掠船によって弱ってきていることを認め、スペイン艦隊を海岸に沿って巡行させ、厳重に取り締まるよう命じている。[109]

7　真珠の行き先

「真珠集散地」――セビリャ

「南米カリブ海真珠生産圏」の真珠のヨーロッパへの入口はセビリャだった。税として徴収された真珠や登録して出荷された商人や個人の真珠は、まずセビリャに送られ、通商院の審査を経て荷受人に引きわたされた。セビリャでは真珠の売買が盛んで、競売なども行われた。一五七〇年のセビリャでは「標準の真珠《アルフォーファル・コムン》」に一マルコ一三一ドゥカド、「球形の真珠《アルフォーファル・レドンド》」に一マルコ五〇〇ドゥカドの値がついた。[110] セビリャにはカリブ海のアコヤ真珠だけでなく、パナマクロチョウ真珠やコロンビアのエメラルドなどももたらされており、真珠や宝石取引が盛んだった。[111] ヨーロッパ各地の真珠商や宝石商、代理人がセビリャに集まった。ヴェネツィア商人、フランドル商人、ドイツ商人などが真珠取引に熱心で、ヴェネツィア、アントウェルペン、アウクスブルクなどはその地の真珠市場でもあった。[112] ヨーロッパにおける新世界の真珠の流通は、セビリャをハブとして、さらにヨーロッパ各地に流通網が延びる「ハブ・アンド・スポーク交易」であった。

真珠の「加工集散地」兼「上位集散地」――ヴェネツィア

とくにヴェネツィアは新世界の真珠の主要な行き先だった。もともとヴェネツィア人はレバント地方やエジプトでも真珠取引を行っていた。ヴェネツィアは東方世界の真珠の一大市場で、真珠や宝石の加工が盛んだった。一六世紀になると、この都市は新世界の真珠をセビリャから集め、その宝飾品をヨーロッパ各地に送る中心的な「加工集散地」兼「上位集散地」となった。[113]

真珠の「新興希求者」――ヨーロッパ社会

セビリャやヴェネツィアなどの真珠集散地が発展すると、ヨーロッパの王侯貴族や富裕な商人、都市のエリート層などが真珠を入手できるようになった。ヨーロッパ人は、古代ギリシア・ローマ時代以来、東方の真珠に憧れてきたが、奇しくも新世界で大量の真珠が発見されたことで、彼らはその真珠を享受する「新興希求者」になったのである。

真珠の「新興希求者」――スペイン領アメリカの植民地社会

スペイン領アメリカの植民地社会も、南米カリブ海の真珠の「新興希求者」になった。この植民地社会では、時代が進むにつれて、本土から来たスペイン人ばかりでなく、新大陸生まれのクリオリョなどの人口も増加していった。[114] 先述したように、メキシコ市やリマ、ポトシなどに真珠が運ばれたと推測できる。真珠は強固な人的ネットワークによって輸送されており、スペイン領アメリカを代表するような真珠集散地は形成されなかった。

真珠の「新興希求者」――キリスト教会

南米カリブ海の真珠の意外な「新興希求者」が、スペイン領アメリカのキリスト教会である。キリスト教聖職者たちは大航海時代の早い時期から、入植者たちが先住民から奪った真珠や宝石、金、銀などを返還しない限り、罪は許されないと主張し、彼らに対して聴罪行為をしない活動を行ってきた。返還先がわからない場合は、教会へ寄進することが可能だった。聖職者のこうした主張によって、入植者たちは道徳的な不安をかきたてられ、免罪のために真珠や金、銀を教会に寄進した[115]。真珠史から見た場合、キリスト教聖職者は入植者の良心の呵責《かしゃく》に訴えることで、入植者の真珠などを教会に還流するシステムを作り上げたのである。ラス・カサスもこうした贖宥《しょくゆう》の規定を推し進めた一人であった[116]。

教会に集まった真珠は、マリア像や聖遺物、祭祀《さいし》用具の飾りとして使用され、儀式用の豪華な衣装にも縫い込まれた。『聖書』が真珠を称揚しているため、聖職者による真珠の返還の主張では彼ら自身が真珠を欲していたという側面があったことも忘れてはならないだろう。

真珠の「新興希求地」――インド・ペルシア世界

カリブ海の真珠のもう一つの意外な「新興希求地」がインド・ペルシア世界であった。大航海時代の活発なヒトやモノの動きによって、カリブ海の真珠はアメリカからヨーロッパ、さらにアフリカの喜望峰を回り、なぜか真珠の産地で名高いインド・ペルシア世界までもたらされることになったのである。これについては、6章で見ることにしよう。

＊　＊　＊　＊　＊

大航海時代の真珠ブームの大きな契機になったのが、ベネズエラにおける真珠の発見で、この地は多くのスペイン人航海者を引きつけた。彼らは先住民をカニバル（食人種）と見なすなど、大義名分を用意した上でその真珠を略奪していった。その後、スペイン人は真珠採取業を営むようになった。それは個人のスペイン人入植者に事業のチャンスを与え、南米の重要産業となった。大航海時代、ヨーロッパ人による水産業が誕生していたのである。「南米カリブ海真珠生産圏」ではクバグア島、マルガリータ島やクマナ、ベラ岬やリオデラアチャなどが真珠採取地だった。

真珠採取業は早い時期に「先住民奴隷制・黒人奴隷制水産業」として発展した。ラス・カサスの『インディアス史』は、バハマ諸島の先住民が真珠採取で「絶滅」したことを語っており、この水産業の社会的影響を示している。「インディアス新法」は潜水労働者の保護を訴えていたが、結局、真珠採取業は「先住民強制労働制・黒人奴隷制水産業」の形態を維持することになった。

スペイン国王は多くの王室官吏を真珠採取地に送り込んで、真珠の五分の一税を得ようとしたが、国王用に送られたのは一級品の真珠ばかりではなかった。真珠の五分の四は真珠業者に残り、密輸や私掠船《しりゃくせん》の略奪などによってもヨーロッパに送られ、多くの人々を利したのである。

3章 ペルシア湾へのポルトガル勢力の進出

——真珠の海域への関心と金銀を集めた真珠集散地——

コロンブスは西回り航海でインド世界を目指したが、アフリカの喜望峰経由の東回りでインドに向かったのが、ポルトガル人航海者のヴァスコ・ダ・ガマだった。一四九七年七月、ガマはリスボンを出発した。航海の間、彼は入手したいものの見本を携帯していたが、それらは「シナモン、クローブ、真珠《アルジョーファル》、金、そのほかのもの」であった。[1] ポルトガル人は、東方世界へ到達する以前からペルシアとインドの真珠のことを知っており、真珠の入手は彼らの航海目的の一つであった。

ガマは喜望峰を回ってアフリカ東岸に到着し、そこでしばらく逗留《とうりゅう》したあと、インド洋を北東に進み、一四九八年五月、インド西岸の港町カリカットに到着した。この時、彼らが持参していた交易品は帯や帽子、珊瑚《さんご》の数珠、砂糖や蜂蜜などで、現地人に嘲笑されたが、それでもどうにか取引ができ、大量のスパイスをもち帰るのに成功した。

ガマのインド到達によって喜望峰を回るルートが確立され、「インド航路《カレイラ・ダ・インディア》」と呼ばれるようになった。以来、ポルトガル勢力は毎年のようにインド洋世界に船隊を派遣するようになった。彼らは軍事力に物をいわせて、コーチンなどのインド西岸の港町に商館や要塞を建造し、スパイスの取引を実施していった。

そうした中、早くからペルシア湾世界に目をつけ、進出していったのが、のちにポルトガル領インドの第二代総督となる下級貴族の軍人アフォンソ・デ・アルブケルケだった。一五〇七年、彼の艦隊はホルムズ海峡を越えてペルシア湾内に入り、ホルムズ王国を征服した。この時のホルムズ支配は長くは続かなかったが、一五一五年に再びホルムズを支配下においた。その後、ポルトガル勢力はバハレーンも征服した。こうしてポルトガルによるペルシア湾支配が確立されることになったが、それは「ペルシア湾真珠生産圏」の支配でもあった。

ペルシア湾は世界最大のアコヤ真珠の産地であり、その真珠は数千年前からアジアで珍重されてきた。ペルシア湾の近現代の真珠史については、多くの研究があるが、ポルトガル時代は、筆者が知る限り、二つの研究がある程度で、まだあまり研究されていない[2]。本章では「ペルシア湾真珠生産圏」という広域俯瞰《ふかん》でポルトガルの対外進出を見ていこう。ここではとくに真珠の海域の経済的重要性と真珠集散地ホルムズの役割に注目しよう。

1　ポルトガル王室公認の真珠取引

乗組員に対する条件つきの真珠・宝石取引

まず、真珠や宝石の取引に関するポルトガル王室の方針について説明しておこう。

ポルトガル王室は航海に出る乗組員たちの目的の一つが真珠や宝石であることを理解しており、その入手についてはある程度認める方針をとっていた。そうした内容は初代副王に任命されたフランシスコ・デ・アルメイダへの国王の訓令で見ることができる。

アルメイダはインドに恒久的な拠点を作るために派遣された人物であった。これまでのポルトガル船隊はインドで取引をすると、すべての船が帰還したため、現地に残されたポルトガル人は不安定な立場にあった。そこでポルトガル国王はインド総督（赴任者の身分が高い場合は副王）をおき、常駐の船隊を配備することを決め、一五〇五年にアルメイダという貴族を二〇隻の船隊とともに派遣したのである。[3] アルメイダはインドに着くと、コーチンを拠点とし、そこをポルトガル領インドの首都とした。その後、ポルトガル領が拡大していくと、その領土を基盤にした政治体制は「ポルトガル海洋帝国」と呼ばれるようになる。アルメイダは出発に先立って、国王から現地での行動を規定した訓令をわたされていた。[4]

訓令の第二六条は、航海の途中にイスラーム教徒の船から戦利品を奪った場合の行動を、次のように記している。

戦利品はすべてまとめられ、アルメイダの船に乗る商務官の元に集められ、書記によってその明細が台帳に記される。もし戦利品が宝石《ペドラリアス》、大粒真珠《ペロラス》、真珠《アルジョーファル》などであった場合は、よりいっそうの注意をもって扱う。それぞれ重さ、数量、寸法を計り、アルメイダが立ちあって木箱や金庫に入れて施錠し、アルメイダ、商務官、書記たちがそれぞれ鍵を保有する。[5]

訓令第八七条によると、戦利品は、その後、乗組員に分配されることになっていた。国王の五分の一税を差し引いた戦利品の三分の一が、船長や乗組員の役職に応じて分配され、三分の二は、船や大砲の購入や修繕費用にあてることになっていた。[6]

訓令第四八条と第四九条は、条件つきで現地における真珠・宝石の取引を認めている。それによると、船長や乗組員たちは二十四分の一税を払えば、現地で宝石、大粒真珠、真珠などを自由に購入し、もち帰ることができた。ただし、その購入は商務官と書記が乗組員を代表して行うことになっていた。乗組員たちは自分の出資額を台帳に記し、彼らに購入したいものを伝え、商務官たちが購入した宝石、大粒真珠、真珠は、乗組員の出資額に応じて分配される。さらに重さと数量、どの品物がどの人に帰属するかということが台帳に記され、船長と商務官、書記がサインしたあと、四つの鍵のついた金庫か木箱に納められる。鍵は船長、乗組員の代表者、商務官と書記がそれぞれ保管することになっていた。[7]

このように戦利品の分配、真珠や宝石の購入、保管に関しては細かい規定があり、税もあったが、乗組員たちは一定量の真珠や宝石を入手することができた。訓令は、個々の真珠や宝石の形状を詳しく記し、三〜四人の関係者の立ち合いなどで保管するよう求めているが、これは南米カリブ海の真珠の保管とよく似ている。当時のヨーロッパでは貴重品の保管は集団監視体制が一般的だったようである。

乗組員に対するこうした真珠や宝石の取引の許可は、アルメイダへの訓令だけでなく、インド艦隊の総司令官ゴンサロ・デ・セケイラへの一五一〇年の訓令にも見ることができ、ポルトガル王室の方針となっていた。[8]

赴任者に対する真珠・宝石の自由取引

ポルトガル王室はインドに滞在する赴任者や永住者に対しては真珠・宝石の自由取引の方針を打ち出していた。

一五一〇年六月十四日付の王室財務官アルヴィト男爵の指示書《カルタ》は、インドの滞在者に向けたものである。それによると、彼らがインドに滞在中は、真珠《アルジョーファル》、宝石《ペドラリア》、織物、絹、麝香《じゃこう》、琥珀《こはく》、陶器など、現地で入手できるいかなる商品でも自由に購入することが認められていた。ただし、スパイス、薬材、染料などは除くことになっていた。また、公認された商品の購入や送付の際にかかる二十四分の一税なども免除されることになっていた。さらにこの指示書は、滞在者が事前に許可証を長官から得れば、現地商人との自由取引のほか、彼らとの連携や事業の設立、船の所有なども認めていた。[9]

つまりこの指示書は、滞在者たちに真珠や宝石などの自由取引を認め、船を所有し、インドで事業を行うことも奨励している。ポルトガル王室には、ポルトガル領インドの発展のためにインドの永住者や事業者を増やしたい意図があり、ポルトガル人の真珠商や宝石商の増加を期待していたと思われる。真珠や宝石を自由取引にしたのは、それらを禁制品にしていては滞在者の士気が上がらないからかもしれない。一級品の真珠や宝石を得た人物は、概して王室に献上して多額の対価を得ようとするので、むしろ取引を認めた方が王室の利にもかなっていたのだろう。

一方、スパイス取引はポルトガル王室の独占になった。彼らはそうすることで、ヴェネツィアなどによるスパイス交易の独占を破り、ヨーロッパ社会における同国の経済的重要性を高める狙いもあった。また、スパイス交易がもたらす大きな利益もあったと思われる。当初、ポルトガル王室はインドでのコショウの買入価格を一キンタル(四六キロ)あたり三クルザドに彼らが定め、本国での売却価格を二〇クルザドにして収益を得ようとした。[10] クルザドはポルトガルの金貨で、スペインのドゥカド金貨とほぼ同率の換算である。[11] 一六世紀当初、インドからリスボンに二万五〇〇〇～三万キンタルのスパイス(おもにコショウ)がもち帰られた。[12] 概算であるが、四二万五〇〇〇～五一万クルザドの利益となる。スパイスの取引量は莫大《ばくだい》で、王室にとって大きな収入が見込まれていた。

こうしてポルトガル人の乗組員や赴任者たちは、王室から条件つき、あるいは滞在中の自由な真珠や宝石の取引を認められた上でインド洋世界に渡航していったのである。

2　一六世紀初めの「ペルシア湾真珠生産圏」

ペルシア湾の真珠の漁場

インド洋世界には世界最大の真珠の産地であるペルシア湾があった(図1)。アコヤ真珠貝が優占種となっている海域であるが、クロチョウガイも生息していた。

ペルシア湾では優良な真珠漁場はイラン側よりもアラビア側に多く、アラビア側では北部よりも南部の海域に集中していた。南部のバハレーン島からトルシアル海岸にいたる海域はとくに漁場が多く、二〇世紀初めには二一七の真珠漁場があった。アラビア側北部には五五、イラン側には三二の真珠漁場があり、計三〇四の漁場があった。[13] 真珠の漁場は枯渇や新たな生成により変化するが、一六世紀もそれくらいの真珠漁場があっただろう。

ペルシア湾の真珠採取

ペルシア湾の真珠採取は、五月〜六月ごろから九月〜十月ごろまでの夏の間の約四〜五カ月間行われた。船が一度沖に出ると、航海しながら真珠採取を続け、陸へ戻るのは一度か二度だった。長期の航行がペルシア湾における真珠採取の特徴だった。[14]

一六世紀には真珠採取船は、一〇〇〇隻程度かそれ以上存在したと思われる。一五世紀のイスラーム教徒の航海士イブン・マージドによると、バハレーンには一〇〇〇隻の真珠採取船が停泊し

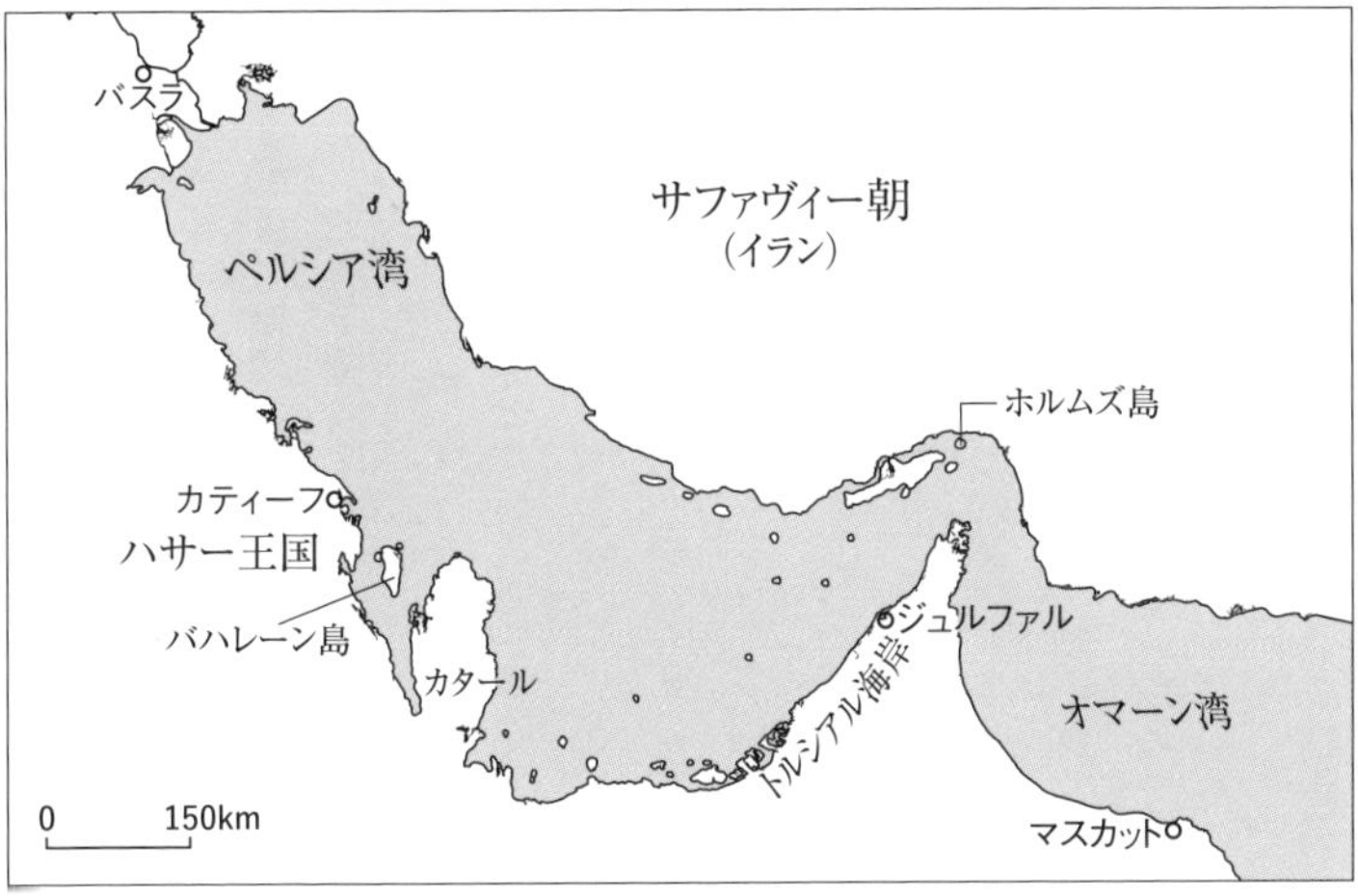

図1　ペルシア湾、ホルムズ島、バハレーン島

ていた。[15] 一七世紀半ばのフランス人宝石商ジャン・シャルダンは、ペルシア湾で操業する真珠採取船の数は一〇〇〇隻程度と述べている。[16] 一六世紀もそれくらいだっただろう。

二〇世紀初めの記録によれば、真珠採取船には船長のほか、一〇～四〇人くらいが乗船した。平均一六人だった。船には潜水夫を補助する水夫も、潜水夫と同数程度乗っていたので、潜水夫は一隻平均八人くらいだった。[17] ペルシア湾で操業する船を一〇〇〇隻とすると、八〇〇〇人くらいの潜水夫がおり、助手なども入れると数万人の乗組員がいたことになる。さらに真珠商も存在した。真珠採取業は、多くの関係者を擁するペルシア湾の地場産業だった。

ペルシア湾では航海が長いため、真珠は船上でとり出された。山積みにされた真珠貝を囲むように乗組員が座り、互いを監視しながら、貝をむき、真珠を探し出した。船上での作業のため、細かい真珠はそれほど集められず、大きな真珠だけがとり出される傾向があった。その後、真珠は船長が厳重な管理の下で保管した。[18]

前金制度と債務隷属制真珠採取業

ペルシア湾の真珠採取の主要な潜水夫は、島嶼《とうしょ》部や沿岸部に暮らすアラブ人であった。ペルシア人潜水夫も存在していたが、アラブ人と比べると、その数は少なかった。[19] 潜水夫は真珠採取を専業あるいはほぼ専業とする人々であった。

ペルシア湾の真珠採取では、長期の航海の準備や潜水夫が不在時の家族の生活のため、アラブ系・ペルシア系の商人や船長たちが真珠採り潜水夫にその費用を前貸しする制度があった。すでに一四世紀のイブン・バットゥータが、ペルシア湾では商人たちの多くが、潜水夫たちに前貸しし、その返済として採取した真珠を潜水夫からとり上げると述べている。[20] 前金によって潜水夫たちは借金から抜け出せなくなり、資本を提供する商人に隷属する立場となっていた。イスラーム社会では同じイスラーム教徒の奴隷化を禁じているため、潜水夫の身分は自由民であった。しかし、債務は子に引き継がれた。[21] ペルシア湾の商人たちはこのような経済的束縛で潜水労働力を確保し、真珠を獲得するシステムを構築していたのである。本書ではこうした形態の真珠採取を「債務隷属制真珠採取業」と呼ぶことにしよう。

ベネズエラのクバグア島の真珠採取業者フランシスコ・デ・レルマは一五三二年の書簡において、

バハレーンの自由民（の潜水夫）は借金漬けであると語っている。[22] ペルシア湾の「債務隷属制真珠採取業」は一六世紀の南米世界にまで知られていた。ただ、潜水夫のすべてが隷属状態であったわけではなく、真珠採取で利益を得ている富裕な潜水夫や住民も存在した。[23]

奴隷制真珠採取業

ペルシア湾の真珠採取には、アフリカ東岸から拉致《らち》されてきたアフリカ人奴隷とその解放奴隷もいたと考えられる。イスラーム社会では奴隷にできるのはイスラーム世界の外に住む異教徒か奴隷の子どもであった。アフリカ東岸はすでに九世紀に奴隷貿易でペルシア湾と結びついており、一六世紀初めにもアフリカ人奴隷がイスラーム商人によってペルシア・アラビア世界に送られていた。一七世紀から二〇世紀初めのペルシア湾の真珠採取にはアフリカ人奴隷がいたので、[24] 一六世紀の真珠採取も同様だったと推測できる。一六世紀のポルトガル人も東アフリカのモザンビークから大量の奴隷をインドに輸出していたので、ペルシア湾の真珠採取業への奴隷の輸送にも加担したかもしれない。[25] ペルシア湾の真珠採取は「奴隷制真珠採取業」でもあった。

真珠採取地——バハレーン島

ペルシア湾には多くの真珠漁場があるので、沿岸部のどの地点からも真珠漁場に向かうことができる。そうした中、優良な真珠採取の基地として名をはせてきたのが、バハレーン島だった。[26]

この島では前三〇〇〇年紀～前二〇〇〇年紀と推定されるアコヤ真珠貝(*Pinctada radiata*)主体の貝塚がいくつも発見されており、数千年前からアコヤ真珠貝やその真珠が採取されていたことが明らかにされている。[27] 一世紀のプリニウスは『博物誌』の中で、チュロス島(バハレーン島)は真珠が多いことで有名であると述べており、ローマにもその名声は届いていた。[28] 一六世紀初めのポルトガル人トメ・ピレスは、バハレーン島では「最良の真珠《アルジョーファル》」が大量に採取されており、それらは白くて丸いと述べている。[29] まさにアコヤ真珠の特徴が語られている。

真珠採取地は水深の浅さなどの地理的条件や海域の条件に左右されるため、その場所は数千年にわたってかわらない場合がある。バハレーンはまさに太古の時代から真珠採取を続けているペルシア湾を代表する採取地であった。

真珠採取地――カティーフとジュルファル

一六世紀のペルシア湾では、カティーフとジュルファルも重要であった。カティーフはアラビア半島東岸にある真珠採取地で、その名はすでに一二世紀には知られていた。[30] ジュルファルはアラビア半島のトルシアル海岸にある港町である。[31] この海域にも「多くの真珠《アルジョーファル》と多くの大粒真珠《ベロラス・グランデス》」があり、真珠採取が盛んであった。[32]

真珠集散地――ホルムズ

ペルシア湾の真珠集散地だったのが、ホルムズ王国の首都ホルムズであった[33]。一六世紀初めのポルトガル人ドゥアルテ・バルボザは、ジュルファルやバハレーンからホルムズに大量の真珠《アルジョーファル》と大粒真珠《ペロラス・グランデス》が輸送されており、ホルムズ王は真珠取引から大きな収入を得ていると述べている。ピレスによると、バハレーンの最良の真珠《アルジョーファル》は、ホルムズの「重要な商品《グランデ・メルカドリア》」だった[34]。

一六世紀初めのホルムズ王国は、ホルムズ島だけの小さな港市《こうし》ではなかった。強大な海軍力を背景にその版図をイラン側とアラビア側にまで拡げ、バハレーンやジュルファルなども服属させ、ペルシア湾南部で海上覇権を打ち立てている海洋王国であった[35]。真珠集散地は、軍事力や政治力で海域を支配している王国の首都である場合が多かった。ホルムズ近海は真珠漁場にはそれほど恵まれていなかったが、海上覇権を握っていることで、ホルムズは真珠採取地と結びつき、真珠集散地として繁栄していたのである。

真珠集散地――バスラ

ペルシア湾のもう一つの真珠集散地がイラク南部の都市バスラである。メソポタミアの内陸部にあるが、運河によってペルシア湾から船で到達でき、ペルシア湾の船舶とメソポタミアの隊商が合流する東西交易の結節点となってきた[36]。一〇世紀のアラブ人地理学者は、バスラは「真珠の鉱山」であると述べている[37]。一六世紀初期、バスラには多くのバハレーン商船が寄港していた[38]。バスラはメソポタミアの各地に真珠を送る集散地であった。

「ペルシア湾真珠生産圏」の形成

一六世紀のペルシア湾では、バハレーンやジュルファルの真珠がホルムズに送られており、真珠採取地と集散地が政治的・軍事的・経済的に結びつく「真珠生産圏」が形成されていた。それはバハレーンとホルムズ間の真珠の流通を主軸としながらも、さらに広い範囲で真珠の採取や取引が行われる一大「真珠生産圏」であった。

ペルシア湾の真珠採取は長丁場の航海が続くため、とり出された真珠は船長が厳重に保管していた。こうした真珠を求めて真珠商の船が海上に繰り出し、真珠採取船から真珠を沖買いすることも多かった。「ペルシア湾真珠生産圏」では真珠取引は海上にもあった。

「伝統的希求地」――サファヴィー朝とイランの地方政権

一六世紀の「ペルシア湾真珠生産圏」では、サファヴィー朝やイランの地方政権が代表的な「伝統的希求者」だった[39]。当時のポルトガル人歴史家のジョアン・デ・バロスは『アジア史』の中で、ペルシア人は由緒正しく、高貴で、洗練されており、彼らが使用するものは「金、銀、真珠、宝石および絹」であると述べている[40]。

メソポタミア地方もシュメール文明以来の真珠の「伝統的希求地」であったが、一六世紀はオスマン帝国の南下によって政情は不安定であった。ただ、バスラなどの中継都市は真珠の集散地や加工地として栄えていた。

「伝統的希求地」——西インド・グジャラート地方のカンベイ

インド西方のグジャラート地方の港町カンベイも、ペルシア湾の真珠の「伝統的希求地」であった。カンベイは綿織物で有名であるが、アジアを代表する真珠や宝石の加工地でもあった。カンベイ自体がカーネリアンやスピネル、アメシスト、ジャスパーなどの宝石の産地だった。[41]そのため各種宝石、真珠や真珠貝、珊瑚《さんご》、象牙などを使ったさまざまな装身具や宝飾品、調度品が作られていた。とりわけ真珠や宝石の穿孔《せんこう》や通糸連制作には定評があり、カンベイ産の真珠や宝石の数珠やロザリオはインド洋世界の人気商品であった。本物そっくりのさまざまな模造真珠や模造宝石も作られていた。[42]ピレスは、ボルネオの人々はマラッカに黄金などを持参して、カンベイ製のガラス玉や「真珠の数珠《コンタス・マルガリータス》」を購入すると述べている。[43]こうした宝石加工や手工業生産を担っていたのが、この地のジャイナ教徒やヒンドゥー教徒の住民だった。カンベイは真珠の調達先として「真珠生産圏」の集散地との結びつきを強めており、ホルムズもその一つだった。カンベイはペルシア湾の真珠の「伝統的希求地」で「加工集散地」だった。

　グジャラート地方では、一五世紀初めにイスラーム系のグジャラート・スルタン王国（以後、グジャラート王国と表記）が成立した。[44]この王国のイスラーム海上商人の活躍は目覚ましく、ホルムズ、アデン、カリカット、マラッカなどのインド洋世界の各地に進出し、海上交易を牛耳《ぎゅうじ》っていた。[45]
一五〇七年、アルブケルケの艦隊がホルムズを攻略した際、彼らが目撃したのは、港に停泊してい
る、カンベイのイスラーム海上商人たちの堂々たる大型船だった。[46]

3　真珠の産地が招いたポルトガルの対外進出

ポルトガルによる「ペルシア湾真珠生産圏」支配の確立

アルブケルケはポルトガル国王から第二代インド総督としての内示を受けて、一五〇六年、インドに派遣された軍人であった(図2)。彼にはアラビア半島南方のソコトラ島の占領と紅海におけるイスラーム教徒のスパイスの輸送の阻止などの任務が与えられていた。

インド洋世界に着くと、アルブケルケの艦隊はソコトラ島を占領したが、その後、一行は紅海へは向かわずに、ペルシア湾方面に艦隊を進めた。一五〇七年、オマーン湾岸の港町マスカットなどを征服すると、ホルムズ海峡を越えてペルシア湾に侵入し、ジュルファルやホルムズを襲撃していった。ホルムズではイスラーム教徒たちと激しい戦闘となったが、どうにか戦いに勝利した。ホルムズのスルタンとの間で条約が結ばれ、アルブケルケはまず要塞の築造に着手した。[47]

ペルシア湾での一連の軍事行動は国王の命令にはなかったため、部下の船長たちが反旗を翻し、結局、アルブケルケはホルムズからの撤退を余儀なくされた。一五一五年にアルブケルケはホルム

ズを再び征服したが、まもなく死亡した。その後はポルトガルのホルムズ長官が同王国を管轄するようになった。

もともとホルムズ王国は、イラン側とアフビア側に版図を拡げ、バハレーンなどの島々を支配し、ペルシア湾を内海としていた海洋王国だった。したがってポルトガルのホルムズ支配によって、ホルムズ傘下の諸地域や島々、海域がポルトガルに服属するはずだった。しかし、そう簡単にことは進まず、逆にホルムズ王国が征服されたことで、これまで支配されていた地域のホルムズからの離反の動きが活発となった。とくにバハレーンは住民の多くがアラブ系だったため、ペルシア系のホルムズ支配から独立しようとした。その動きの最中、アラビア半島のハサー王国がバハレーンの支配を固めることになった。[48]

図2　アフォンソ・デ・アルブケルケの肖像画（ポルトガル海洋博物館蔵）

こうした状況を受けて、一五二一年、ポルトガルとホルムズの連合艦隊が結成され、ハサー王国を攻撃した。連合艦隊はハサー王国を破り、バハレーンを再びホルムズに服属させることに成功した。翌年の一五二二年にはホルムズとバハレーン、さらにマスカットなども加わったポルトガルに対する一斉蜂起《いっせいほうき》が勃発したが、ポルトガル勢力はこうした反乱を素早く鎮圧し、結果的にホルムズ支配を確立した。[49]

ポルトガルはこれまでのホルムズと被支配地の関係を維持し、ホルムズを介してペルシア湾の島嶼部《とうしょ》を間接的に支配した。ポルトガルによるホルムズ支配とは、小島の交易都市の支配だけではなかったのである。バハレーンにはホルムズ王国の執政が派遣され、彼が内政を担当した。ポルトガルの要塞も建てられ、駐屯兵が配備された。ジュルファルにもポルトガル要塞が建てられた。[50]ポルトガル真珠採取地カティーフではポルトガルが関与する政権が樹立された。[51]こうしてポルトガル勢力はペルシア湾の真珠採取地と集散地を掌握したが、それはまさに「ペルシア湾真珠生産圏」支配であった。

一六世紀半ばにはオスマン軍によるペルシア湾侵攻があり、カティーフはオスマン帝国に属するようになった。[52]ただ、ペルシア湾におけるポルトガル優位の状況は崩れなかった。

一七世紀になると、ポルトガル支配にはかげりが生じるようになる。一六〇二年にはバハレーンがホルムズから独立し、サファヴィー朝を宗主国とするようになった。一六二二年には、イギリス東インド会社の協力を得たサファヴィー朝がポルトガルからホルムズを奪還した。ポルトガルはホルムズの征服を契機に、一〇〇年以上「ペルシア湾真珠生産圏」を支配してきたが、一七世紀初めにはその支配に終止符を打ったのである。

アルブケルケが構想した海域支配と真珠採取業の実施

アルブケルケがインド洋に派遣された時、なぜ彼は国王の命がないにもかかわらず、ペルシア湾に侵入し、ホルムズなどを征服していったのだろう。アルブケルケ自身は食料と現金入手の必要性があったと述べているが[53]、真珠や宝石で名高い繁栄する交易地支配という動機もあったように思われる。

バロスの『アジア史』によると、アルブケルケが一五〇七年にホルムズを占領した時、乗組員たちは、商務官に購入を委託するのではなく、自分たち自身で宝石や宝飾品を妻や娘のために購入したい、ホルムズはそうした欲しい物の市場であると言い出し、その主張が認められたという[54]。乗組員たちは、ホルムズが真珠・宝石市場であることを知っていたのである。アルブケルケたちがホルムズ支配を打ち立てると、この海域の真珠採取からの貢納を要請したというイスラーム側の記録も残っている[55]。

バハレーンについては、彼らが当初からそこが真珠の島であることを認識していたかどうかは定かではない。ただ、一五〇八年にアルブケルケの艦隊がバハレーンから来た船を拿捕《だほ》した際、船の積荷はすべて「大粒真珠と真珠」であり、それらがアルブケルケの艦隊の大きな収入となったことがあった[56]。これによって彼らは真珠採取地バハレーンのことをはっきりと知ったはずである。

アルブケルケは、一五一四年十月二十日付の書簡で、バハレーンは大変重要で、大変豊かな場所である、そこには「真珠の漁場《ペスカリア・ド・アルジョーファル》」があり、誰にも支配されていない、真珠採取をする人は、そこで一年分の暮らしを手に入れる貧しい労働者である、我々が真珠採取を行えば、利益を倍増することができる、と述べている。[57] 一五一五年九月二十二日付の書簡でも、バハレーンは人が考える以上に重要な場所であること、多数の船がインドと交易をし、多数の馬と多数の「真珠《アルジョーファル》」がここからインドに送られていることを伝え、もし神の思し召しがあり、時期が許すならば、支配し、確保できる場所である、と締めくくっている。[58]

これらの書簡は、アルブケルケが真珠のとれる海域を支配し、そこで真珠採取業を行うことを考えていたことを示している。真珠の獲得という海の経済性と結びついた対外拡張が構想されていたのである。真珠のとれる海域は、ポルトガルの対外進出を誘引する大きな要因だった。

真珠の産地が誘引した紅海攻略

真珠のとれる海の経済性と結びついた対外拡張は、アルブケルケの紅海戦略においても見ることができる(図3)。もともとアルブケルケに与えられた任務の一つは、イスラーム商人のスパイス交易を阻止するために紅海で軍事行動を行うことだった。それには紅海の入口となっているアラビア半島のアデンをまず征服することが重要とされていた。

アルブケルケは、一五〇七年のホルムズ支配から撤退したあと、ゴアやマラッカを征服し、一五

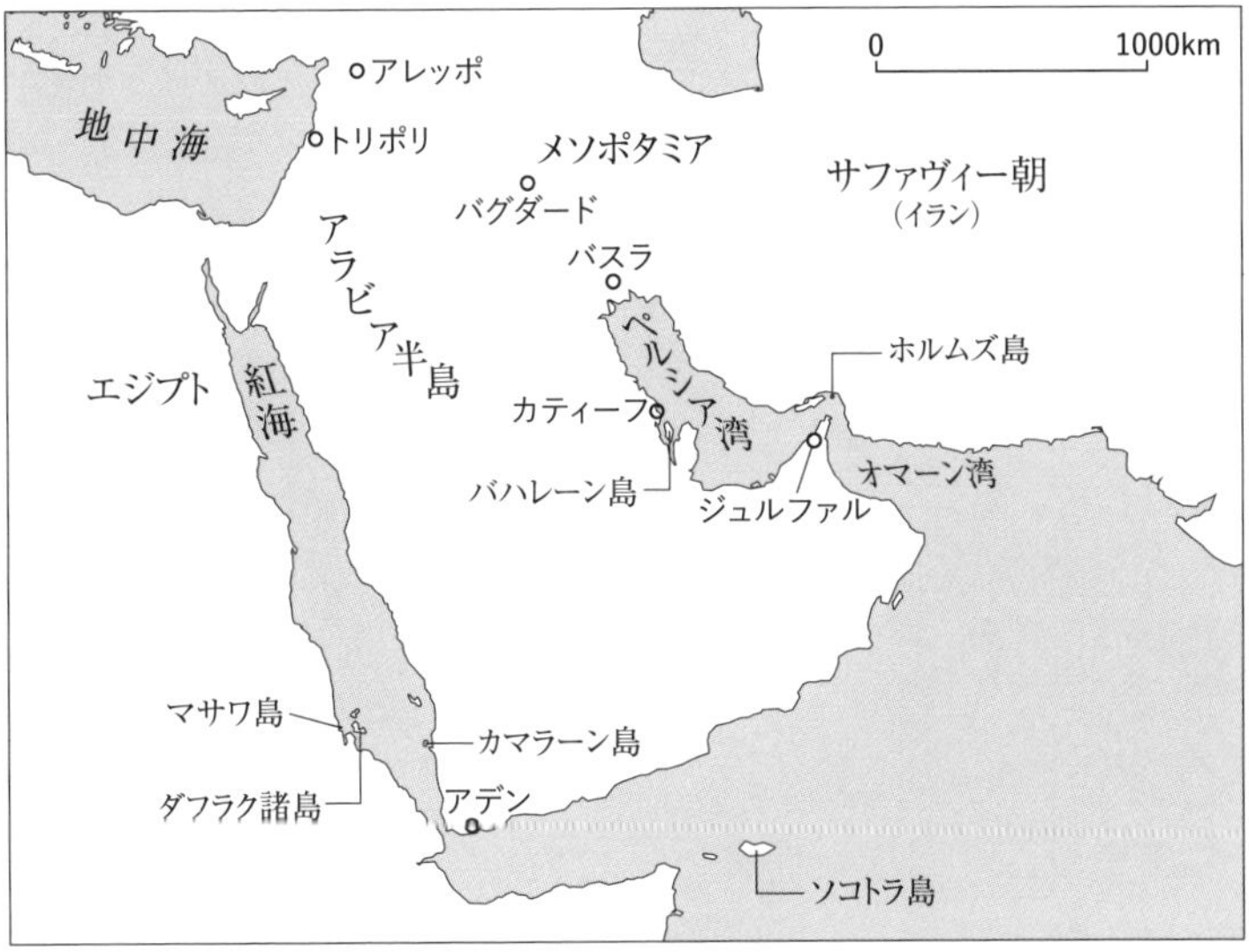

図3　紅海、アラビア半島、ペルシア湾

一三年にはついにアデンに向かって艦隊を進めた。しかし、アデンは防衛を強化しており、アルブケルケのアデン攻略は失敗した。ただ、アルブケルケの行動はそれだけに終わらず、その後、紅海内に侵入し、南部のカマラーン島を征服した。

紅海はクロチョウガイの生息で名高かったが、南部の海域にはアコヤ真珠貝も生息していた。とくにカマラーン島からダフラク諸島、マサワ(マッサワ)島がある海域は、大量のアコヤ真珠がとれる真珠漁場となっていた[59]。

一六世紀初頭、カマラーン島はイスラーム教徒の遊牧民が暮らすさびれた島であったが、マサワとダフラクにはそれぞれ領主がおり、真珠採取が行われていた。領主たちはアデンのシャイフ(政治的支配者)が派遣した奴隷総督で、「真珠の漁場《ペスカリア・ド・アルジョーファル》」を掌握し、真珠採取船から採取税を受けとり、さらに真珠採取の最初の二日間と最後の二日間の真珠も徴収していた。領主たちはその収入や真珠をアデンに送っていた。[60] つまりアデンはその版図を紅海南部の島々や海域にまで拡げ、紅海の真珠を政治力によって集めている真珠集散地であった。紅海においても、マサワとダフラクを真珠採取地とし、アデンを集散地とする「真珠生産圏」が形成されていた。アデンは、スパイスルートの紅海の交通をおさえているだけで栄えている港湾都市ではなかったのである。真珠採取の潜水夫たちはアデンやカイロの商人たちから金銭や商品、食料などを前借りしており、商人たちに大量の真珠をわたしていた。[61] ここでも「債務隷属制真珠採取業」が存在した。

アルブケルケはカマラーン島を征服した時、その地でマサワとダフラクの元シャイフだった人物を捕らえた。彼から右記の真珠採取の状況を聞き出し、紅海の真珠採取に関心をもった。[62] 一五一四年十月二十日付の国王宛の書簡では、アルブケルケは「我々が犠牲を払ってでも獲得する必要があり、収益を出せる紅海の主要な島々は、ダフラクとマサワです」と述べている。さらに、これらの島々は「真珠の漁場《ペスカリア・ド・アルジョーファル》」を支配していること、マサワにポルトガルの要塞を建設するとマサワとダフラクの島々ばかりでなく、その周囲の「真珠の漁場」も自分たちの支配下に入ること、「真珠の漁場」は利益を出せる場所であり、広大で、採取は毎年行われていることなどを報告している。[63] アルブケルケは一五一五年九月二十二日付の書簡においても、同様のことを主張している。[64] アルブケルケにとって紅海は真珠という富が生み出される水産業の場でもあった。

アルブケルケの紅海戦略は、結局カマラーン島の領有だけに終わった。その後のポルトガル勢力は、何度かマサワとダフラクに侵攻したが、それらの島々を占領することはできなかった。しかし、カマラーン島は一六二〇年まで紅海内のポルトガル領であり続け、真珠採取地となった[65]。カマラーン島の真珠はホルムズに送られ、さらにゴアにも輸送された[66]。

従来の歴史研究では、紅海はイスラーム教徒の牛耳《ぎゅうじ》るスパイスルートであり、アデン攻略の失敗は紅海封鎖の失敗であり、ひいてはポルトガル海洋帝国のスパイス交易独占の失敗となったとされ、それ以上の歴史的意味は見出されてこなかった。しかし、紅海は真珠のとれる海域であり、ポルトガルは紅海で真珠の島を得たのである。

アルブケルケは、真珠がとれる海の経済的重要性を認識し、真珠採取を目的の一つとしてペルシア湾や紅海支配を構想した人物であった。真珠の産地の支配は、対外拡張の大きな動機であった。海から来た征服者は海の収益性を知っていたのである。

4 真珠集散地ホルムズ支配の利点

貢納品としての真珠

アルブケルケは真珠採取を行う意図をもっていた。しかし、アルブケルケ後のポルトガル人は「ペルシア湾真珠生産圏」を掌握したにもかかわらず、真珠採取業の生産者にも事業者にもならなかった。ペルシア湾世界では、アラブ系やペルシア系の商人たちが「債務隷属制真珠採取業」によって潜水夫たちを経済的に束縛する排他的システムを作っており、外国人の新規参入は難しかったのである。ポルトガル人自身も真珠採取の事業者になることにあまり興味がなかったのかもしれない。では、ポルトガル人たちは「ペルシア湾真珠生産圏」支配からどのように真珠や富を引き出したのだろうか。

第一の方法が、ホルムズ王国から貢納金を得ることであった。もともとホルムズ王国は、ホルムズに集まる商人たちに関税を課し、被支配地からは貢納金のほか農産物や水産物などの物納も受け取っている豊かな王国だった。真珠も物納の対象となっていた。[67]

一五〇七年にアルブケルケがホルムズ王国を占領した時、彼は毎年金貨一万五〇〇〇シェラフィンの貢納をホルムズに求めた。シェラフィンは当時ホルムズが鋳造していた金貨の名称である。一六世紀後半には銀貨も作られたが、この時期は金貨であり、ヨーロッパのドゥカド金貨と同等かやや少なめの価値があった。一五一七年、ポルトガルへの貢納額は二万五〇〇〇シェラフィンとなった。[68]

一五二二年にホルムズやバハレーン、マスカットなどが加わった一斉蜂起《いっせいほうき》が勃発したが、ポルトガルはその蜂起の鎮圧に成功した。[69] 翌年の一五二三年には、ホルムズの貢納金は六万シェラフィンに引き上げられ、「銀、金、真珠《アルジョーファル》」で支払うように定められた。ポルトガルは税としての真珠を受け取るようになったのである。一五二九年には貢納金は一〇万シェラフィンになったが、これ以降の状況は不詳である。[70]

バハレーンについては、ポルトガルはホルムズ王国を介して間接統治を実現した。一五二一年以降、バハレーンはホルムズに四万シェラフィンを貢納したが、その多くは真珠採取からの収入だった。[71]ポルトガルは要塞を建設し駐屯兵を配備する一方、商務官を島に派遣した。[72]商務官の存在でアラブ系やペルシア系の真珠業者たちもポルトガルに一目おく必要が生じ、最良の真珠がポルトガル国王のために買い取られ、多くの真珠が優先的にポルトガル商人の手にわたったと考えられる。一六世紀末や一七世紀初めにホルムズやインドに滞在したユダヤ系ポルトガル人ペドロ・テイシェイラによると、バハレーンからの収益はポルトガルのホルムズ長官に年間で四〇〇〇ドゥカド以上を与えていたが、それは長官職の報酬を除いた収入だったという。大粒真珠と真珠の取引における公の年間取引は五〇万ドゥカドであり、さらに一〇万ドゥカド以上が密輸で消えていたという。[73]

一六〇二年、バハレーンはホルムズ支配を脱却し、サファヴィー朝に服属することになった。一七世紀初めにペルシア宮廷を訪問したスペイン人大使によると、サファヴィー朝のアッバース一世はバハレーン支配とその地の真珠採取から二〇万ドゥカド以上の収益を得、さらに選りすぐりの高価な真珠を最初に獲得していた。[74]「伝統的希求地」であるイランの王朝は、真珠を特権的に得ていたのだった。一六世紀のポルトガル人も、真珠採取地のバハレーンを支配下におくことで、同様の収益を得ていたことだろう。

真珠集散地を支配する利点

「ペルシア湾真珠生産圏」支配から富を引き出す第二の方法が、ホルムズの真珠集散地としての機能を維持することで、それによって真珠だけでなく金銀も得ることであった。

真珠集散地ホルムズの立場は一六世紀を通じてかわることがなかった。一六世紀末のオランダ人リンスホーテンは真珠《ペルレン》について語っており、正統な東方産のものはホルムズ海峡、ペルシア湾のホルムズとバスラの間、バハレーン、カティーフ、ジュルファァル、カマラーンおよびペルシア湾のほかの地域で産出され、すべてホルムズに運ばれると述べている。[75] ホルムズには、紅海のカマラーン島の真珠ももたらされるようになっていた。

ホルムズが真珠集散地であり続けたのは、ポルトガルが軍事力を背景に「ペルシア湾真珠生産圏」の海上覇権を握り、ホルムズの従来の真珠の流通形態も維持していたからであった。筆者の考えでは、真珠集散地には三つの特徴がある。宝石市場としての発展、諸地域の商人たちの進出、それに彼らから金銀を引き出すことである。以下、それぞれ見ておこう。

宝石市場としての発展

真珠市場と宝石市場は相乗効果で発展することが多い。宝飾品や調度品などの制作や加工には真珠や宝石、金、銀などが一緒に使われるからである。ホルムズの特産品は真珠だったため、ホルムズでは真珠市場が宝石市場に発展したといえるだろう。ポルトガル領インドの首都ゴアからはインド産ダイヤモンドやスリランカ産やミャンマー産のルビーやサファイアなどがもたらされていた。ポルトガル商人たちは、ペルシア湾の真珠やゴアの宝石を特権的、優先的に獲得できたので、真珠や宝石を扱う商人となる者も少なくなかったはずである。

諸地域の商人たちの進出

真珠集散地は多くの商人を招来する。[76] 真珠や宝石は、宗教や民族、出身地域にかかわりなく、世界各地で広く希求される商品である。量の少ない真珠や宝石は供給者が有利な立場にあるため、真珠商や宝石商が採取地や集散地に足を運ぶことになる。真珠採取地は海の浅い辺鄙《へんぴ》な場所が多く、座礁の危険性があったため、真珠の集散地の方が多くの真珠商や宝石商を集める傾向があった。

リンスホーテンは、ホルムズにはペルシア人、アルメニア人、トルコ人、ヴェネツィア人、そのほかあらゆる民族が大勢いて、スパイスと宝石類を扱っていると述べている。[77] まさにホルムズは、多民族性、多文化性で特色づけられる都市であった。商人たちは自国の特産品なども持参するため、真珠集散地は多種多様の商品が扱われる交易都市でもあった。

金貨や銀貨の真珠集散地への流入

真珠集散地は各地の真珠商などから金貨や銀貨を引き出した。アジアでは古来、真珠は黄金と交換される貴重な換金商品であった。真珠や宝石の取引は物々交換もあったが、多くの場合、相対取引で、金貨や銀貨、金塊などによる現金決済だった。売り手も買い手も一言も発せず、特定の指を押して商談する「サイレント・バーゲニング」という手法もしばしば用いられた。[78] 真珠や宝石取引では関係者が口を閉ざしたまま、莫大《ばくだい》な金銀が動いていたのである。

リンスホーテンが語るイングランド人ラルフ・フィッチの事例は、ホルムズにもたらされていた金貨や金塊のことを伝えている。彼によると、一五八三年にフィッチを含む四人のイングランド人が、アレッポからホルムズに密入国した。彼らは、毛織物、サフラン、鏡、ガラス製品、小刀、そのほかこまごました商品を数多く持参していたが、それらは見せかけで、本当の目的は、ダイヤモンド、真珠、ルビーなどの宝石を大量に入手することだった。そのために莫大な金銭と黄金を隠しもっていた。しかし、彼らはホルムズ長官によって捕まり、ゴアに送られ、そこで投獄されることになった[79]。

このエピソードは、ホルムズに向かう多くの商人が真珠や宝石購入のため、大量の金銀地金《じがね》を非正規にもち込んでいたことを示唆しており、興味深いといえるだろう。

イランのラリン銀貨の流入

そうした金貨や銀貨の中で、とくに重要だったのが、ラリン銀貨であった。ラリン銀貨とは、イランで鋳造された銀貨のことで、細長い板状の銀を二つに折り曲げた独特の形をしている。純度が高いことで有名だった[80](図4)。イランはもともと名高い銀の産地であるが、一六世紀にはファールス地方のラールが主要な銀の産地となっており、ここで銀貨が鋳造されていた。ラリン銀貨は、ホルムズのシェラフィン金貨やインドのパルダウ金貨とともに一六世紀のインド洋世界の交易の決済通貨でもあった[81]。テイシェイラは「ラリンは最上の銀貨で、東洋世界でよく知られており、流通している」と述べている[82]。

ペルシア系のホルムズ王国は、サファヴィー朝の王室だけでなく、ラールやシーラーズ、マクランなど、イランの地方政権とも関係が深く、その王や王族、地方政権の長などには免税特権を与えていた[83]。そもそもペルシア人は真珠の「伝統的希求者」であり、ホルムズは彼らの真珠取引によってラリン銀貨を引き出していた。リンスホーテンは、ペルシアからホルムズにはラリン銀貨が入ってきているが、それは一本の銀線を打ち延ばして折り曲げたような貨幣で、ラールで鋳造された品質のよい銀貨であると述べている[84]。

図4　ラリン銀貨　サファヴィー朝とオスマン帝国の銀貨とともに、すべて16世紀。(バハレーン国立博物館蔵、筆者撮影)

ゴアに送られた大量の真珠とラリン銀貨

ポルトガル人たちは、ホルムズの真珠とラリン銀貨をポルトガル総督府のゴアに送っていた。一七世紀初めのフランス人旅行者フランソワ・ピラールは「ホルムズからゴアに向かう商品には、まず良質の真珠がある。それらは、ホルムズより先のアラビアの海岸方面のバハレーンと呼ばれるペルシア湾の島の漁場で採取されるのが、ラリンと呼ばれる大量の銀貨であり、世界でもっとも良質の銀貨である」と述べている。[85]第二に挙げられるのが、ピラールはホルムズからゴアに向かう巨大なポルトガル船がオランダ船に狙われた時のエピソードも語っている。海がなぎで、オランダ船が攻撃を控えていた夕方に、ポルトガル人は二隻のボートを船から降ろし、金、ラリン銀貨、大量のオリエンタルパールなど、もっとも貴重なものをかかえて、船から逃げ出したという。[86]このエピソードからも、ゴアには金、銀、真珠が輸送されていたことがわかる。

ポルトガル人だけでなく、アジアの商人たちも真珠やラリン銀貨をゴアに送っていた。リンスホーテンは、ラリン銀貨が広く流通していて大きな利益が得られるために、インドに大量に運び込まれて、ほかの商品と同じように大がかりに取引されると述べている。[87]テイシェイラは、ホルムズは絶えず銀が流れる導管であると語っている。ホルムズは銀の産地のイランからラリン銀貨を引き出し、それをインド洋世界に供給する銀の流入口としての役割ももっていたのである。

コショウ交易に欠かせないラリン銀貨

ラリン銀貨は、コショウなどの商品の買付に欠かせない銀貨でもあった。リンスホーテンはインドでコショウ仲買人として活動したことがあったが、彼によると、ポルトガル船隊がコーチンでコショウを買うにはラリン銀貨が必要で、スペイン銀貨はラリン銀貨と交換する必要があったという。[88]

ピラールは、インド洋世界で最上の銀がラリン銀で、これに続くのが日本銀、最悪なのは西インドからの銀であったと述べている。[89] アジアのコショウ商たちは、スペイン銀貨よりもラリン銀貨を好んでおり、ラリン銀貨はスパイス購入の決済手段として高い価値をもっていた。

ここで注意すべきは、コショウの購入のためにラリン銀貨が必要だったのは、リスボンから「インド航路」を通ってゴアまで来たポルトガルのコショウ専買商人や官吏たちだったことである。ホルムズ滞在のポルトガル当局者や民間のポルトガル商人たちはラリン銀貨をすでに得ている人々だった。実際、ポルトガル当局は、現地で雇用した兵士の給料をラリン銀貨で支払っていた。[90]

これまで見てきたように、真珠集散地は、各地から来る多民族の商人たちから金貨や銀貨を引き出す機能があった。したがって、ポルトガルによるホルムズ支配とは、真珠だけでなく、宝石、金、銀——とくにラリン銀貨——を調達できる市場を掌握したことを意味していた。ポルトガル人は真珠の生産体系に加わらなくても、「ペルシア湾真珠生産圏」における特権的な立場を得ることができたのである。

5　ポルトガルの海域支配と真珠採取税

ホルムズ海峡の通行税

ポルトガル海洋帝国は、ペルシア湾という海域支配からも利益を得たと推測できる。一六世紀のポルトガル語文献はこれについてあまり詳しく述べていない。ただ、前後の時代の状況やほかの記録を参照すると、ホルムズ海峡の通行税と真珠採取税という二つの税収があったようである。

ホルムズ王国は、すでに一〇世紀にはイラン本土の港町として成立しており、一三世紀末にホルムズ島に拠点を移した。以来、ホルムズ海峡を航行する船に通行税を課してきた伝統があった。[91] 一七世紀半ばのフランス人宝石商ジャン・バプティスタ・タヴェルニエは、ホルムズ長官はペルシア湾を出入りする船に通行税を課していたと述べているので、[92] 一六世紀も同様だったと推測できる。

一五八二年のポルトガルの公式報告書によると、ホルムズ島警備のために二隻のガレー船と数隻のフスタ船[93]からなる艦隊が配備されていた。その艦隊の司令官の一人がホルムズ海峡の警備にあたり、この海域で跋扈《ばっこ》する盗賊や海賊を取り締まっていた。艦隊の経費は(航行する船の?)商品に課せられた一パーセントの税によってまかなわれていた。[94] この一パーセントが通行税にあたるのかもしれない。ホルムズ島警備の艦隊はそれほど大きな部隊ではない。一七世紀のポルトガル海洋帝国は、有事に対応する「機動艦隊」を保有していたので、[95] 平時はこれでよかったのかもしれない。

真珠採取税

ペルシア湾支配によるもう一つの収益が、真珠採取税である。[96] ペルシア湾では漁の期間、一〇〇〇隻程度の真珠採取船が海上で操業を続けていた。こうした真珠採取船に海上覇権を打ち立てた政治勢力が課税するのは、「ペルシア湾真珠生産圏」の伝統でもあった。ホルムズ王国はすでに一四世紀に真珠採取から五分の一税の真珠を得ており、一六世紀初めにも真珠採取船に一定の税を課していた[97]。ポルトガルもこの制度を引き継いだ可能性が高い。タヴェルニエは次のように記している。

ポルトガルがホルムズとマスカットを扼《やく》している時は、各々のテラダ船[98]、すなわち真珠採取に行く船に許可証を取得することを義務づけ、その取得に一五アッバーシー[99]を払わせた。多くのブリガンティン船[100]が海域を巡航し、許可証を得ようとしない船を沈没させた。しかし、アラブ人がマスカットを奪い返し、ポルトガルがペルシア湾において絶対的な存在ではなくなると、真珠採取をするすべての人は、彼の真珠漁が豊漁であろうとなかろうと、（今は）ペルシア王に五アッバーシーだけ払っている。商人も真珠貝一〇〇〇個ごとに少額を王に払っている[101]。

一七世紀初期にサファヴィー朝はイギリス東インド会社の援助を得てホルムズを奪ったが、以来、イギリスも少額の真珠採取税を受け取るようになったという[102]。一六世紀のポルトガル勢力も真珠採取税を徴収していたことがうかがえる。

ポルトガル海洋帝国が、インド洋を行き交う船にカルタス（通行許可証）を発行して、通行税を徴収したことはよく知られている[103]。そうしたカルタスには真珠採取船向けのものもあった[104]。海域支配とは、その海域の水産業から利益を引き出すことでもあった。

ポルトガルの活動に関する解釈の再考

ポルトガルの対外拡張史やインド洋海域史研究では、ポルトガルによるホルムズ支配の意義や真珠やラリン銀貨の経済的重要性はこれまで十分論じられてこなかった。むしろポルトガルにとってホルムズはなぜ必要だったのかという疑問が出され、繁栄する交易都市と東西貿易ルートの掌握のためとか、軍事的に重要だったためと解釈されてきた。[105] ポルトガルのバハレーン支配についてもその意義はあまり語られず、ポルトガルはここでも略奪行為を繰り返したと解釈されてきた。[106] 従来の研究は、ポルトガルの対外進出が、真珠採取地バハレーンと集散地ホルムズが政治的・経済的に結びついた「真珠生産圏」の掌握だったことを見過ごしてきたのである。

インド洋海域史の研究では、ホルムズから大量の銀がインドに流れていることは早くから着目されてきた。[107] その理由としては、ホルムズはスパイスの輸入によって輸入超過に陥っており、収支を合わせるために銀をインドに輸出したと解釈されてきた。[108] こうした解釈は、なぜインドへ輸出するほどの大量の銀がホルムズのような小島に集まっていたのかという点を十分考察していない。ホルムズは真珠交易などによってイラン本土からラリン銀貨を引き出していたこと、ホルムズに集まったラリン銀貨はインド洋世界で重宝されるため、ポルトガル人やほかの商人たちによって盛んにインドに送られていたことを認識する必要があるだろう。

さらに歴史研究では、アジアに輸出されたアメリカ銀が重視される傾向がある。新世界の銀がなければ、ヨーロッパはスパイス、絹、宝石、中国製陶器などの奢侈品を何一つ得られなかっただろうという二〇世紀中葉のP・ショーニュの主張は、ウォーラーステインなどによって参照され、インド洋海域史家のチョードリーも、ヨーロッパとインド、あるいはアジアとの交易は、アメリカの銀鉱山の発見がなければ、維持されなかったと考えられると述べている。[109] フランクは、アジア人はアメリカ大陸の銀以外にはヨーロッパ人からは何も買おうとしなかったと述べている。[110]

こうした主張では、インド洋世界ではアメリカ銀貨よりもラリン銀貨が好まれ、スパイス購入のためにはラリン銀貨に変更する必要があったというリンスホーテンの記述が看過されている。ポルトガルは「ペルシア湾真珠生産圏」の集散地や採取地を支配することで、大量の真珠とラリン銀貨などの金銀を一六世紀初めには獲得していた。真珠は換金商品であり、金銀はアジア世界における決済手段であった。ポルトガル人は、スパイスや宝石などのアジアの奢侈品を購入できる資金をすでにもっていたのである。

6　真珠の行き先

「新興希求者」——ポルトガル人

「ペルシア湾真珠生産圏」の真珠はどのように希求されたのだろう。ポルトガル王室や貴族をはじめとする本国の人々、インド副王や総督、ホルムズ長官などの植民地エリート、官吏、兵士、乗組員、商人など、赴任者や滞在者として渡航してきたポルトガル人たちのほとんどすべてが真珠を欲していた。ポルトガル人赴任者たちは「インド航路」という新しいルートでペルシア湾に現れたため、「新興希求者」と呼ぶことにしよう。

ピラールは「これらの長官(ホルムズ長官)が帰国する時、彼らはかさばる商品は何一つもち帰らない。真珠、宝石、竜涎香《りゅうぜんこう》、麝香《じゃこう》、金、銀、そのほかの希少で高価な品々のみもち帰る」[111]と述べている。この一文でポルトガル人の真珠への執着は明らかだろう。彼らは本国で真珠を威信財として使用した。財産として所蔵したり、換金する場合もあっただろう。

「新興希求者」――真珠商や宝石商のポルトガル人

ポルトガル領インドではこの地での永住を決意し、商業活動に従事した民間のポルトガル商人が増えていった。彼らは「カザド」と呼ばれている。[112]ポルトガル王室の真珠や宝石の自由取引の方針によって、真珠商や宝石商になった「カザド」も少なくなかっただろう。彼らは真珠をゴア経由でヨーロッパへ輸出したが、6章で見るように、アジアの「伝統的希求者」とも真珠取引を行うようになった新しいタイプの「新興希求者」であった。

「伝統的希求者」――ヴェネツィア商人

ペルシア湾の真珠の意外な希求者が、ヴェネツィア商人である。一六世紀初期、ポルトガル人は、コショウなどを扱うレバント貿易(東方貿易)で繁栄していたヴェネツィアに対して敵意をむき出しにしていた。ポルトガル人のピレスはその著書の中で、ポルトガルが活況を呈する交易地のマラッカを支配すれば、ヴェネツィアの喉に手をかけることになると主張した。[113]しかし、一六世紀も後半になると、ヴェネツィア人はポルトガル領インドに進出していた。リンスホーテンは、ヴェネツィア人はホルムズ、ゴア、マラッカに商館をおき、宝石、真珠、スパイスなどの商品を盛んに仕入れていると述べている。彼らは取引のため「ヴェネツィアンデル」と呼ばれる高額の金貨をもち込んでいた。[114]

もともとヴェネツィア商人は一六世紀以前から東方世界の真珠や宝石を輸入する「伝統的希求者」であった。[115] ホルムズやゴアで真珠や宝石が調達できるようになると、ポルトガル支配を躊躇《ちゅうちょ》することなく、買付のためにポルトガル領インドに足を踏み入れたのである。「伝統的希求者」の本領発揮といえるだろう。

アジアの「伝統的希求地／希求者」

アジア世界には、イラン本土やメソポタミアの諸都市など、ペルシア湾の真珠を求める多くの「伝統的希求地」が存在した。こうした地域では、一六世紀にポルトガルが「ペルシア湾真珠生産圏」を支配するようになっても、真珠の希求は衰えなかった。むしろ新たに「新興希求者」のポルトガルが登場したことで、真珠の入手は競争が激しくなり、その需要は高まっていた。「伝統的希求地」の真珠商や宝石商の多くも、ポルトガル支配を厭《いと》うことなくホルムズにおもむいたのである。

真珠の「ハブ・アンド・スポーク交易」

したがってペルシア湾の真珠の流通は、おもにホルムズを中心とする「ペルシア湾真珠生産圏」から各地の商人たちの故国に向かう「ハブ・アンド・スポーク交易」であった(図5)。

イランルートはペルシア商人がかかわり、ラリン銀貨がホルムズに流入するルートであった。ホルムズからバスラを経てメソポタミアに向かうルートは、さらにシリア北部のアレッポやトリポリを経て地中海やヨーロッパに向かうレバント貿易のルートとして続いていった。また、トルコやカフカス地方などに向かうルートにもなった。[116] メソポタミア方面のルートはアラブ商人、ペルシア商人をはじめ、トルコ商人、アルメニア商人、ユダヤ商人、ヴェネツィア商人など、多くの商人が利用した。[117] アレッポは、古くから東西交易で栄えた中継都市で、真珠や宝石、スパイス類の取引が盛んだった。ヴェネツィアとフランスの商館がおかれており、ヨーロッパが東方世界に築いた橋《きょう》頭堡《とうほ》でもあった。[118] こうしたアレッポやバスラなどの中継都市は、金貨や銀貨、銅貨を鋳造しており、伝統的に金貨、銀貨による決済取引が進んでいた。[119] メソポタミアルートは金貨や銀貨がもたらされるルートでもあった。

ゴアはペルシア湾の真珠の「上位集散地」であり、ホルムズとゴア間のルートでは大量の真珠が送られた。このルートは馬交易のルートとして有名だった。ポルトガル総督府は一定数以上の馬を輸送する商船には免税措置をとっていたため、[120] これに乗じて真珠なども運ばれたと推測できる。真珠はゴアからさらにリスボンに輸送された。また、6章で見るように、インド内陸部のヴィジャヤ

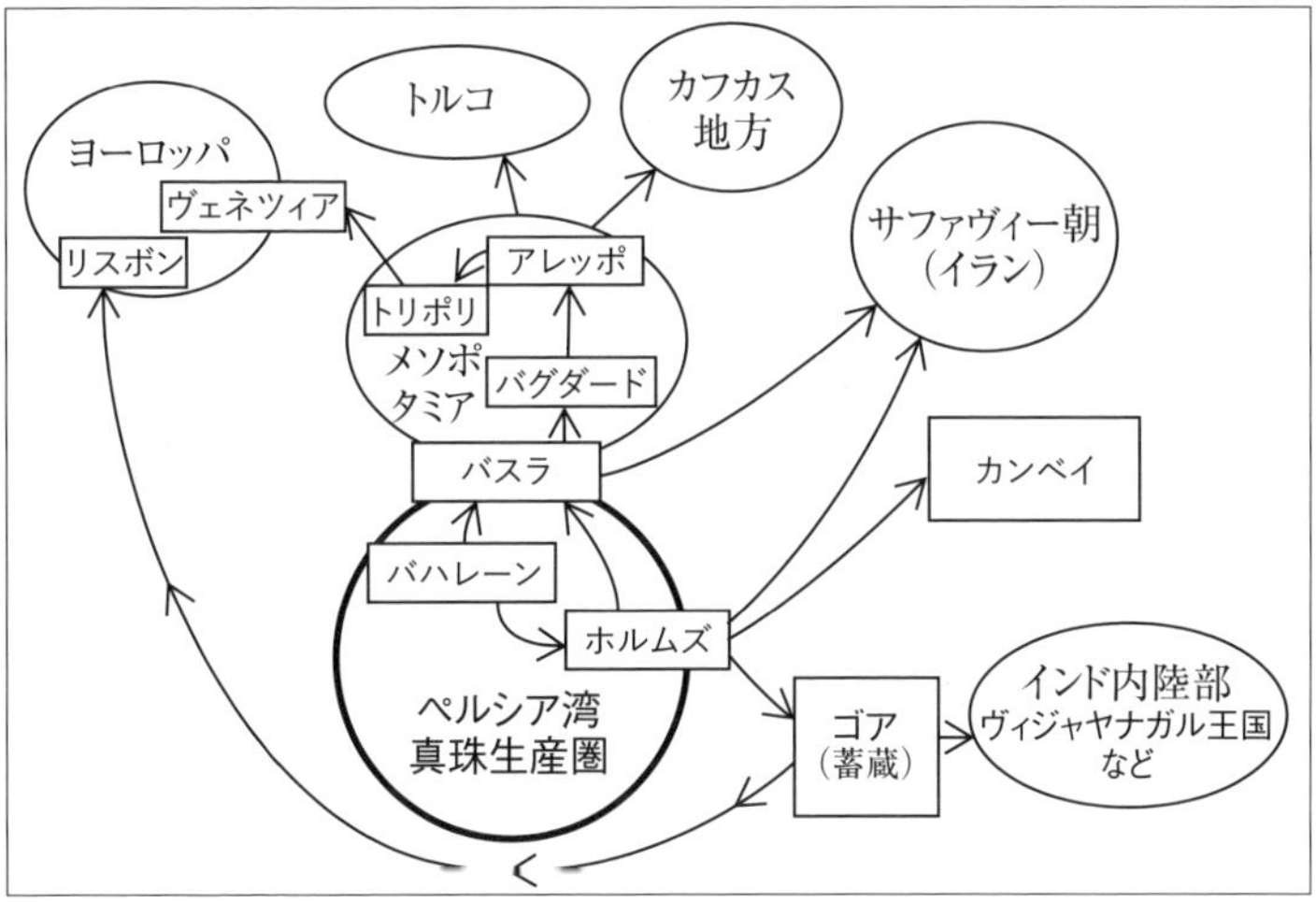

図５　「ペルシア湾真珠生産圏」起点の「ハブ・アンド・スポーク交易」　図は真珠の取引量ではなく、流通の方向を示している。

ナガル王国など、アジアの「伝統的希求地」にもポルトガル商人などによって運ばれた。ゴアで蓄積される真珠も少なくなかった。ホルムズからカンベイに向かうルートも重要であったが、カンベイはしだいにゴアとの結びつきを強めていった。

　真珠の「ハブ・アンド・スポーク交易」は、海上輸送もあれば陸上輸送もあり、民族や宗教の異なる多くの商人たちの故国に接続する交易であった。それはまさに「異文化間《クロスカルチュラル》交易」であり、「地域を越えていく《トランスリージョナル》交易」でもあった。ポルトガルはその流通網のすべてを掌握しているわけではなかったが、真珠集散地ホルムズを支配していることで、真珠を主体として金、銀が流れ込む流通網の中心にいたのである。

大航海時代のポルトガル人にとって、真珠や宝石の獲得は航海の大きな動機だった。ポルトガル王室はスパイス取引は独占していたが、インドの滞在者には真珠や宝石の自由取引を認めていた。これによって真珠や宝石を扱う民間のポルトガル商人が育つことになった。

一六世紀初め、ペルシア湾では真珠集散地ホルムズと真珠採取地バハレーンなどが政治的・経済的に結びついた「ペルシア湾真珠生産圏」が形成されていた。アルブケルケはバハレーンの海域支配による真珠採取業の実施を構想するようになった。彼の紅海戦略にも真珠の漁場支配という目的があった。真珠のとれる海域は、ポルトガルの対外進出を誘引する大きな要因であり、アルブケルケの軍事行動は、真珠の獲得という海の経済性と結びついた対外進出の事例を提供するのである。

ただ、ポルトガル人はペルシア湾では真珠採取業者にはならず、真珠集散地ホルムズを掌握することで、利益を得た。真珠集散地には金銀が流入するが、とくにイランから来るラリン銀貨は重要だった。それはアジア域内交易の決済手段であり、スパイス交易に欠かせないものであった。ペルシア湾の真珠史の考察は、ポルトガルが得たラリン銀貨の重要性も浮き彫りにするといえるだろう。

ホルムズには、かつてライバルだったヴェネツィア商人をはじめ、民族や宗教の異なる多くの商人が来航した。真珠はそうした商人たちのさまざまな故国へ運ばれたが、それはホルムズを主体とする「ペルシア湾真珠生産圏」起点の「ハブ・アンド・スポーク交易」であった。

＊　＊　＊　＊　＊

4章　マンナール湾の真珠採り潜水夫とイエズス会

——宗教勢力の温情主義と排他的布教、その動機——

ヴァスコ・ダ・ガマの一行は、一四九八年五月、インドのカリカットに上陸した。ガマはこの航海に真珠などの見本を持参し、その獲得を望んでいたが、インドで真珠を入手できたのか、できなかったのかは、残された文献からは定かではない。しかし、この時、インドにはカーヤルという王国があり、そこの王はモーロ(イスラーム教徒)で、たくさんの真珠《ペロラス》があるという情報を得ることができた[1]。

一六世紀初めにインド洋世界に渡航したポルトガル人バルボザは、カーヤルについてさらに詳しく報告している。

> この都市(カーヤル)には一人のイスラーム教徒がいる。彼は大変豊かで尊敬されており、真珠税《レンダ・ド・アルジョーファル》の徴収を長期にわたって委託されている。彼は大変富裕で有力なため、土地の人々すべてが彼を王のように扱っている……真珠を採取する人は一週間、自分のために採取す

るが、金曜日は船の所有者のために採取する。シーズンの終わりには一週間すべて、このイスラーム教徒のために採取する。それによって彼は大量の真珠《アルジョーファル》を獲得する。[2]

カーヤルはマンナール湾インド沿岸部を代表する真珠採取の都市であった。バルボザなどの記録から一六世紀初めには有力なイスラーム支配者が真珠採取を牛耳《ぎゅうじ》るようになっていたことがわかる。真珠の採取者たちはイスラーム教の安息日の金曜日にも働いているので、ヒンドゥー教徒の潜水夫がイスラーム教徒の所有の船にいたことも推測できる。

一五二〇年代になると、ポルトガルの政治勢力は、こうした状況のカーヤルに進出していった。カーヤルとその周辺の沿岸部を「ペスカリア」と呼んで、一方的にポルトガルの行政区とし、ペスカリア長官と警備の兵士たちが居留するようになった。

このポルトガルの進出をきっかけとして、一五三〇年代にはその地のヒンドゥー教徒の真珠採り潜水夫がいっせいにキリスト教に改宗する出来事が起こった。一五四〇年代には、イエズス会の宣教師フランシスコ・ザビエルがこの地で宣教を行った。イエズス会はのちにマンナール湾インド沿岸部を「ペスカリア海岸」と呼ぶようになり、ザビエルの宣教は「ペスカリア海岸」の「真珠《アルジョーファル》の漁民」を対象にしたものとして、すでに一六世紀・一七世紀から称揚されてきた。[3] しかし、従来のザビエル研究やイエズス会研究では、多くの場合、ザビエルの宣教は「漁夫海岸」の「漁夫」に対して行われたと解説されてきた。漁夫は「ペスカドール」なので、「ペスカリア海岸」を「漁夫海岸」と訳すのは適切ではないだろう。こうした訳からもわかるように、やはり真珠は見落とされてきたのである。

一五六〇年以降、ポルトガルはスリランカのマンナール島を自国領として所有するようになった。これによって、マンナール湾インド沿岸部とマンナール島、その間の海域はポルトガル海洋帝国の支配に組み入れられた地域となった。それは「マンナール湾真珠生産圏」支配であった。

これまでのインド史やスリランカ史研究は、陸地を拠点にした一国史研究だった。マンナール湾の真珠史研究でも、そのほとんどがインド側の一国史研究となっている。[4] しかし、この海域の真珠史はインド側とスリランカ側の広域俯瞰《ふかん》で見ていく必要があるだろう。本章では、一六世紀初めのマンナール湾の真珠の利害関係者を理解したあと、インド沿岸部に進出したイエズス会と真珠採り潜水夫の関係とイエズス会の意図を考えてみよう。続く5章では、マンナール島の領有でポルトガルが優位に立った真珠の大規模採取の実態を見ていこう。

1　一六世紀初めの「マンナール湾真珠生産圏」

マンナール湾の地理的特徴

マンナール湾はコモリン岬から北東に延びるインド沿岸部、北部の島々や浅瀬地帯、セイロン島西岸に囲まれた地理的特徴をもっている(図1)。インド沿岸部にはカーヤル(現プラヤカーヤル)やキラカライなどの都市がある。この海岸が切れた先に、ヒンドゥー教徒の巡礼地のラーメシュワラ

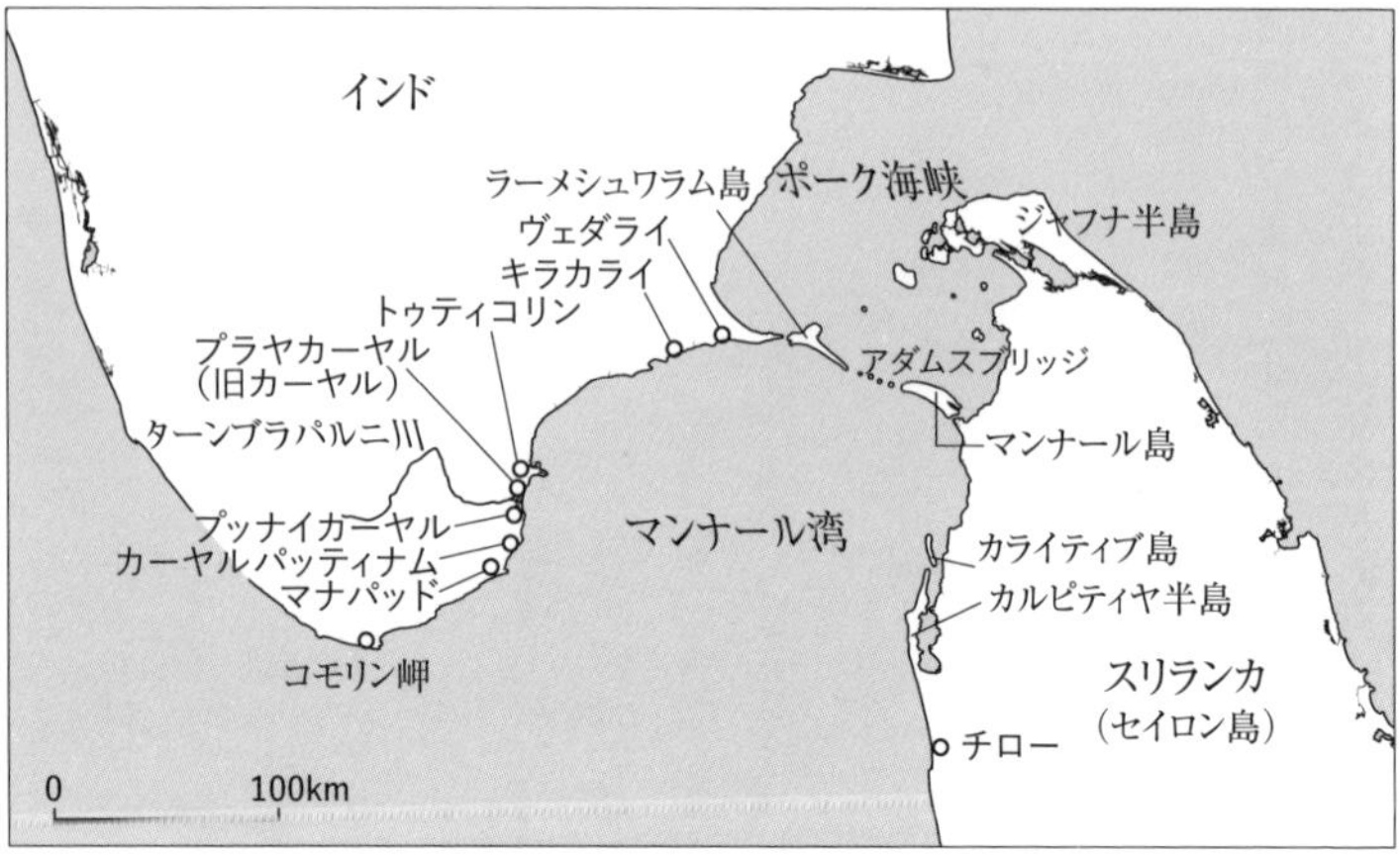

図1　マンナール湾、インド側・スリランカ側沿岸部

ム島がある。その東には小島や岩礁が橋のように連なる浅瀬地帯があり、アダムスブリッジと呼ばれている。その先が次章で重要となるマンナール島である。その南方がセイロン島西岸で、カライティブ島やカルピティヤ半島、チローなどがある。

マンナール湾はアコヤ真珠貝を優占種とする海域で、ペルシア湾と並ぶ真珠の大産地だった。この海域を航行すると、インドの西海岸と東海岸を結ぶ海上ルートとなり、交通や運輸に便利であったが、水深が浅く、座礁の危険性が高いため、主要な交易航路にはならなかった。おもに真珠という水産資源によって人類に利用されてきた海域であった。

インド側の真珠採取地——カーヤルとキラカライ

インド沿岸部の代表的な真珠採取地が、すでに述べたカーヤルで、ターンブラパルニ川の河口北岸に位置していた。この川の河口にはもともとコルカイという真珠採取地があったが、川の堆積作用で内陸部となり、新たにカーヤルという港町が建設されたのだった。[5] カーヤルは名高い真珠の集散地でもあった。沿岸部の北東にあるキラカライも真珠採取地として有名だった。

マンナール湾では真珠貝が多く生息している場所は「真珠床《パール・バンク》」と呼ばれた。[6] 一九世紀のイギリス植民地政府が作成した真珠床の分布地図によると、インド側沿岸部の近海は北に行くほど水深が数メートル程度と浅くなり、真珠床は海岸に沿うように帯状に拡がっていたことがわかる。[7] つまりインド側沿岸部では真珠採取が容易であり、カーヤルやキラカライだけでなく、沿岸部の津々浦々の地先《じさき》の海でも真珠が採取されていたことがうかがえる。

スリランカ側の真珠採取地——マンナール島

スリランカ側の主要な真珠採取地が、マンナール島だった。イギリス植民地政府による真珠床の分布地図によると、マンナール島からセイロン島西岸の沖合では大真珠床が南北にかけて一〇〇キロ近くにわたって拡がっていた。[8] この真珠床は豊饒《ほうじょう》であったが、岸から遠く、波の荒い外洋の底にあった。そう簡単に真珠採取は行えなかった。そのため季節風が途絶え、海面が穏やかになる春先や秋口に大規模な真珠採取が実施された。これがマンナール湾を代表する真珠の大規模採取で、一九世紀のヨーロッパでは「セイロン島の真珠採り」として知られていた。

大規模採取の期間、出航の基地となる一地点が選ばれ、そこに多くの潜水夫や真珠採取船が集まってきて、にわかに短期間の居留地が建設された。マンナール湾の大規模採取は日帰りで実施されるのが特徴だった。[9] そのために真珠採取の基地が必要だったのである。ペルシア湾では真珠採取船は数カ月の航行を続け、陸地にはほとんど戻らなかったため、一過性の基地は設立されなかった。マンナール湾とペルシア湾では真珠採取の仕方に大きな違いがあった。

大規模採取の居留地の場所は、一九世紀にはセイロン島西岸の一地点が選ばれたが、一六世紀やそれ以前にはマンナール島やキラカライ、カライティブ島なども選ばれていたようである。[10] チローでは大規模採取と時期をずらして真珠採取が実施されることもあった。マンナール湾以北のポーク海峡にもアコヤ真珠貝が生息していたが、この海域はむしろチャンク貝と呼ばれるホラ貝の採取場となってきた。[11] チャンク貝からはあまり真珠がとれず、貝殻や貝の身の方が重用された。

インドのタミル系ヒンドゥー教徒の潜水夫

インド沿岸部で真珠採取を担っていたのが、「パラヴァス」と呼ばれるタミル系ヒンドゥー教徒の社会集団であった。[12] *Parava*、*Parava*、*Paravar* などとも呼ばれるが、本書では複数形で「パラヴァス」と呼ぼう。このパラヴァスこそが、ザビエルの宣教の対象になったことで名高い漁夫《ペスカドーレス》である。

一九世紀のパラヴァス研究者のS・C・チッティによると、パラヴァスは、タミル系漁撈民《ぎょろう》の中で最上位に位置し、主要な仕事は潜水による漁業であった。真珠やチャンク貝、珊瑚《さんご》などを採取し、サメや海ガメ、カニなども捕獲したが、代表的な生業は真珠採取だった。もともと彼らはインドのマンナール湾岸部を支配していたパーンディヤ朝の王に直属し、王に貢納することで、独占的に真珠採取を行ってきたと考えられている。[13]

パーンディヤ朝というのは、紀元前から一四世紀初めまで続いたタミル系の王国で、すでに一世紀にはコモリン岬からターンブラパルニ河口のコルカイにいたる沿岸部で真珠採取を王国主導で行っていた。[14]パーンディヤ朝が滅亡すると、パラヴァスは政治的空白の中におかれることになった。パラヴァスは彼ら自身で漁村を形成していたが、その潜水能力によって真珠採取の時期は拉致《らち》されることがあった。[15]一般のパラヴァスは魚網と筏舟《いかだぶね》をもっており、中には船を所有する富裕なパラヴァスも存在した。本章の始めに見たように、イスラーム教徒の船で使役されるパラヴァスもいたようである。

インドのタミル系イスラーム教徒

マンナール湾インド沿岸部には、すでに一三世紀末にペルシア湾のアラブ系やペルシア系の海上商人が居住するようになっていた。彼らは真珠や馬の海上輸送を手がけており、事業拡大を目指しカーヤルなどに進出したのである。彼らはこの地を支配するパーンディヤ朝の王から居住の権利や特権的な立場を与えられた。有力なイスラーム商人の中には徴税任務などを委託される者もいた。[16]彼らは、パーンディヤ朝が滅亡しても、カーヤルなどに定住し続けた。その多くは現地ヒンドゥー教徒の女性と結婚し、その子孫たちはタミル語を話すイスラーム教徒となった。こうしてインド沿岸部には新たな社会集団が誕生した。

彼らの多くは、船を所有し、真珠や宝石などを扱う海上商人であり、「マラッカーヤル」(*Marakkāyar*)と呼ばれている。マラッカーヤルは、今日においても、自分たちはアラブ海上商人の子孫であると主張する人々であり、宝石業者や真珠業者、密輸人としても有名である。[17] バルボザが述べていた、王のように扱われ、真珠採取を牛耳《ぎゅうじ》っていたカーヤルのイスラーム教徒は、こうしたマラッカーヤルの有力者だったと考えられる。タミル系イスラーム教徒には真珠採り潜水夫も存在し、彼らは一九世紀には「ラッバイ」(*Labbai*)と呼ばれていた。[18]

タミル系イスラーム教徒の社会集団とパラヴァスの間には宗教的な対立や真珠漁場をめぐる争いもあったと思われるが、まったくの別世界で暮らすのではなく、支配や使役の関係もあったようである。

スリランカのタミル系ヒンドゥー教徒の潜水夫

スリランカのマンナール島やインド沿岸部のキラカライなどには、別のタミル系ヒンドゥー教徒の真珠採り潜水夫が存在した。[19] それがポルトガル語文献で「カレアス」(*Careás* または *Caroás*)と呼ばれる社会集団である。今日では「カライヤール」(*Karaiyar*)として知られているが、本書では「カレアス」と呼ぼう。カレアスは、パラヴァスの下位集団であると考える研究者もいるが、ザビエル研究の第一人者であるG・シュールハンマーは、パラヴァスとは異なるカーストであると述べている。[20]

スリランカ北部のタミル系王国――ジャフナ王国

タミル系の人々はマンナール島やジャフナ半島などのスリランカ北部にも暮らしている。そのきっかけの一つとなったのが、のちにジャフナ王国と呼ばれるようになった一三世紀末のタミル系王国の誕生だった。パーンディヤ朝の元大臣アールヤ・チャクラヴァルッティがスリランカ北部で王国を樹立し、インドからの人々の移住を奨励した。これによって王国には多くのタミル系ヒンドゥー教徒が住むようになった。[21] ジャフナ王国は、スリランカ側のマンナール湾やポーク海峡などを支配する海洋国家で、[22] 真珠採取にも関与していた。一四世紀初めの旅行家イブン・バットゥータはアールヤ・チャクラヴァルッティを訪問したが、彼によると、王国には真珠採取場があり、家臣が真珠を選別していて、バットゥータにも王が高価な真珠を数個くれたという。[23]

セイロン島の中部や南部ではシンハラ人が主要民族であった。一九〜二〇世紀初め、彼らは真珠採取の主要な潜水夫ではなかったことが知られている。[24] シンハラ王朝の中にはセイロン島西岸沖での真珠採取に関心を示す王朝もあったが、潜水作業にはタミル系潜水夫などを招く必要があった。[25] 一六世紀の状況は定かではないが、真珠採取はそれほど盛んではなかったと考えられる。

このようにマンナール湾では、インド側であろうと、スリランカ側であろうと、またヒンドゥー

表1　マンナール湾の真珠採り潜水夫と商人

生業	宗教	呼称
真珠採り潜水夫(インド側)	タミル系ヒンドゥー教徒	パラヴァス
真珠採り潜水夫(インド側)	タミル系イスラーム教徒	ラッバイ
真珠採り潜水夫(スリランカ側)	タミル系ヒンドゥー教徒	カレアス
真珠・宝石の輸送(海上商人)	タミル系イスラーム教徒	マラッカーヤル
真珠商・宝石商(小売商・行商人)	タミル系ヒンドゥー教徒	チェッティ
真珠・宝石の輸送(海上商人)	マラヤーラム系イスラーム教徒	マーッピラ

教徒であろうと、イスラーム教徒であろうと、タミル系の潜水夫や商人たちが真珠産業を担う主要な民族だった。そうした潜水夫や商人の呼称をまとめたのが、表1である。聞きなれない呼称で大変である。ただ、マンナール湾の真珠関係者はインド西岸にもいたので、もう少し説明を続けておこう。

マラバール海岸のタミル系真珠商

「マンナール湾真珠生産圏」の主要な集散地はカーヤルだったが、この「生産圏」はマラバール海岸の港湾都市という別の集散地も擁していた。マラバール海岸とは、おもにゴアからインド南端のコモリン岬にいたるインド西海岸を指す。カリカットやコーチン、コウラン(現クイロン)など、交易で栄える多くの都市があった(図2)。カリカットはガマが最初に来航した地であり、ザモリンと呼ばれるヒンドゥー教徒の支配者がいた(口絵⑤)。

　カーヤルやカリカットなどの真珠の集散地で、真珠や宝石の小売商として活動していたのが、ヒンドゥー教徒の商人「チェッティ」(*Chetti*)だった[26]。「チェティアール」(*Chettiar*)と呼ばれることもある。

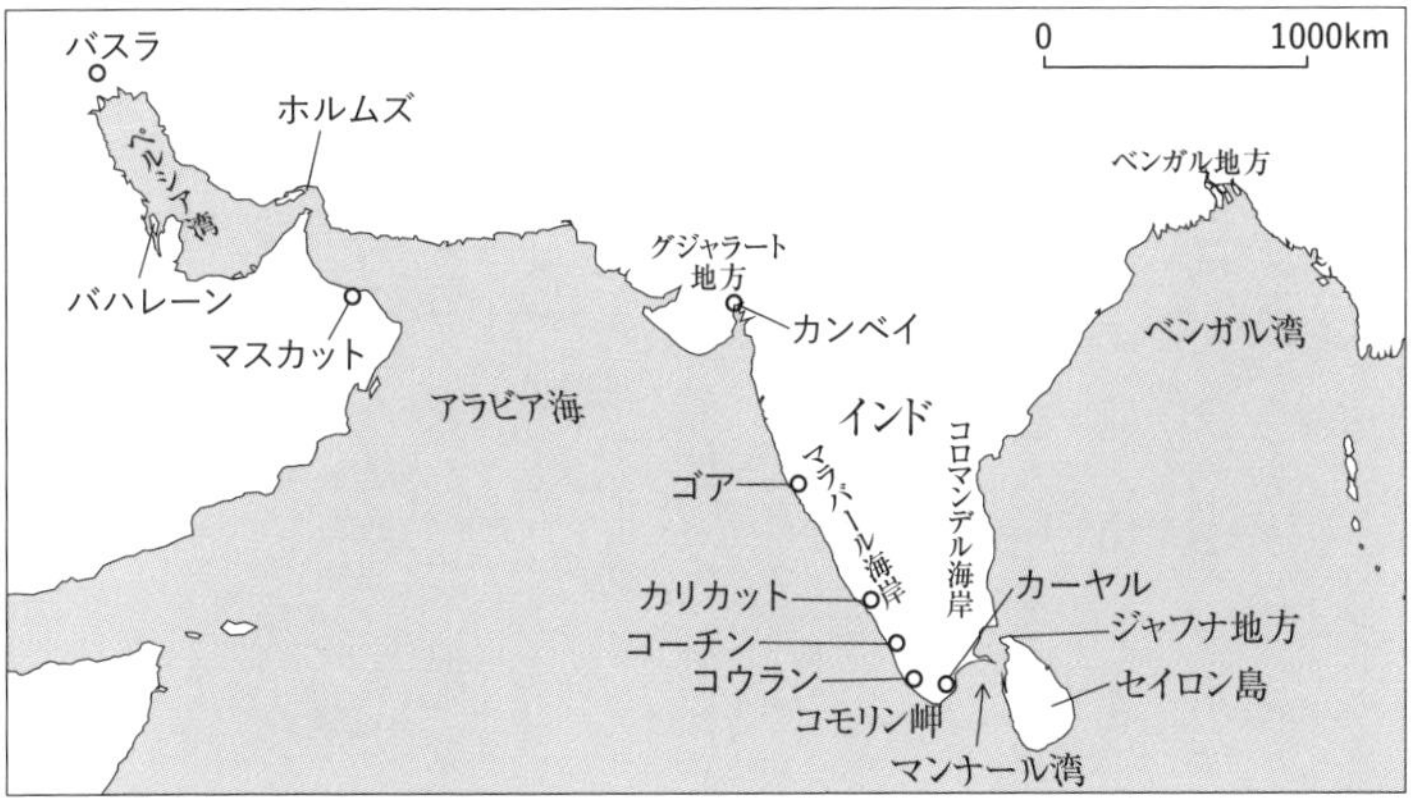

図2　インドとその周辺の海域

パルボザによると、チェッティは多くの宝石と真珠《アルジョーファル》をはじめ、珊瑚、金、銀、地金などを扱う大商人であった。彼らは東インドのコロマンデル地方の出身で、タミル系と考えられている。カーヤルやマラバール海岸にも進出しており、マラバールでは外国人扱いだったという。[27] チェッティはおもに陸地ベースの商人で、行商人としての活動もよく知られている。

中国の記録に見るマラバール海岸の真珠取引

マラバールの港町におけるチェッティの活動は、中国の記録からもうかがえる。

一五世紀前半、明の鄭和《ていわ》が大船隊を率いてインド洋方面に遠征し、通商貿易に従事したことがあった。その時の航海記録である『瀛涯勝覧《えいがいしょうらん》』は、カリカット(古里国)の条やコーチン(柯枝国)の条でチェッティを「哲地」と呼び、彼らは財産をもち、もっぱら宝石、真珠、香薬の類を買い集めている、哲地は中国の「宝船《ほうせん》」(鄭和の派遣船隊のこと）や異国船の客が来るのを待っており、真珠はしばしば重さを決めて売却すると述べている。[28]

鄭和の遠征時の別の記録である『星槎勝覧《せいさしょうらん》』は、カリカットの特産品について「珊瑚、真珠、乳香、木香、金箔の類があり、みな別の国から来る」と述べている。コウラン（小唄喃国）の条でも真珠は他国より来ると記している。[29] 真珠はマラバールの港町で売られていたが、それは他国から集められた特産品だった。『星槎勝覧』は、中国人が金、銀、緞子《どんす》、青白磁器などを用いてコーチンやカリカットで交易していると語っており、[30] 中国人が金や銀との交換でチェッティから真珠、宝石などを得ていたことがわかる。

こうした『瀛涯勝覧』や『星槎勝覧』の記述からわかるように、実は中国はインドなどの真珠や宝石を欲する「伝統的希求者」であった。中国の派遣船隊は「宝船」と呼ばれていたので、その名称からも彼らの目的は明らかだろう。

イスラーム海上商人による真珠輸送

『星槎勝覧』の記述にあったように、カリカットやコウランでは真珠は他国から来る特産品だった。こうしたマラバールの港町に真珠を輸送していたのが、タミル系イスラーム海上商人マラッカーヤルやマーッピラと呼ばれる別のイスラーム海上商人だった。

マーッピラはマラバール海岸を拠点に活動しており、ペルシア湾の海上商人と現地マラバールのヒンドゥー女性との子孫たちだった。この地の言葉であるタミル語系マラヤーラム語を話した。東のマラッカーヤルに対応するのが、西のマーッピラといえるだろう。マーッピラはペルシア湾世界と西インド間の交易にかかわったことで名高いが、浅瀬に強い平底船を使うことでマンナール湾やコロマンデル海岸の海上交易にも従事していた[31]。カーヤルからマラバール海岸への真珠の輸送なども手がけていたと考えられる。

イスラーム海上商人が運んだ真珠は、カリカットのチェッティなどによって販売されていたのだろう。宗教を超えた商人たちの協力関係で、カリカットなどのマラバールの港市はマンナール湾の真珠の「上位集散地」となっていた[32]。

「マンナール湾真珠生産圏」とタミル系民族

「マンナール湾真珠生産圏」では、パラヴァス、カレアス、ラッバイなどのタミル系潜水夫たちが真珠採取に従事し、真珠の流通はタミル系のマラッカーヤルやチェッティ、マラヤーラム系のマーッピラなどが担っていた。このように真珠の生産と流通では宗教が異なっても、全体としてはタミル系民族が存在感を示していた。というよりも、彼らこそが、マンナール湾の真珠という水産資源を利用してきた主要な民族だったのである。再び表1を見てみよう。

2 名高い真珠採取地カーヤルへの進出

ポルトガル政治勢力のカーヤルへの進出

一五二〇年代初め、ポルトガル人たちはマンナール湾インド沿岸部に進出していった。ジョアン・フローレスというポルトガル人が「ペスカリア長官」と商館長に任命され、十数名の兵士とともにカーヤルに暮らすようになった。ポルトガル人はキラカライにも関心を示した。キラカライにはカーヤル同様、イスラーム支配者が存在していたが、ポルトガル人の長官と兵士たちが駐屯するようになった[33]。

ポルトガル人がカーヤルやキラカライに現れ始めると、当初、それぞれのイスラーム支配者たちは協力的だった。彼らは互いに反目しており、ポルトガル人を味方につけて、勢力を拡大したいという思惑があった。しかし、ポルトガル人がイスラーム支配者たちに貢納金を課し、真珠採取時にはコーチンから派遣されたポルトガル艦隊が真珠採取船や潜水夫などに真珠や金銭を要求し始めると、彼らはポルトガル勢力の排斥を試みるようになった[34]。

とくに激しく反発したのが、カーヤルのイスラーム海上商人マラッカーヤルであった。彼らは、カリカットのザモリンと連携して襲撃を開始した(口絵⑤・図3)。一五二八年にはフローレスをはじめとするカーヤル駐在のポルトガル人二〇人が、カリカットの援軍に殺害されるという事件が発生し、ポルトガルと現地勢力の抗争は激化した。ザモリンは、その後も幾度となくカーヤルやキラ

図3　カリカットのザモリンに謁見するヴァスコ・ダ・ガマ（ヴェローゾ・サルガド作、1898年、リスボン地理学会蔵）

カライのイスラーム勢力に加勢した。[35] ヒンドゥー教徒の支配者とイスラーム海上商人が連携して、ポルトガル勢力の排斥を試みたのである。彼らの真珠ビジネスの利害は一致していた。

真珠採り潜水夫パラヴァスのキリスト教への改宗

一五三〇年代になると、ヒンドゥー教徒の真珠採り潜水夫パラヴァスが集団でキリスト教に改宗した。カリカットのチェッティで、ポルトガルで受洗したジョアン・ダ・クルスという人物が、キリスト教徒になればポルトガルの庇護《ひご》が得られるとパラヴァスに助言し、これに同意したパラヴァスの代表者たちがコーチンに行き、ミゲル・ヴァスというフランシスコ会司教総代理から洗礼を受けた。一五三六年から三七年にかけてコーチンの教区司祭たちがカーヤルやほかの土地に派遣され、パラヴァスの集団改宗が進められた。この時、二万人以上がキリスト教に改宗したといわれている。[36] この改宗の背後にポルトガルの画策があったのかどうかは定かではない。

キリスト教への改宗は、パラヴァスにとって庇護者を得るための政治的な判断であったが、経済的なメリットもあった。一五三八年、ポルトガル艦隊がイスラーム勢力に圧勝したヴェダライの戦いがキラカライ付近で起こったが、ザビエル書簡によれば、この時、艦隊の司令官が、イスラーム教徒が所有する漁船をことごとく奪って、元の所有者だったキリスト教信者（パラヴァス）に返却し、漁船を所有していなかった貧しい人にはイスラーム教徒の船を与えたという。[37] ポルトガル人司令官が、現地潜水夫パラヴァスに船を与えるために尽力したのである。パラヴァスはこれによって真珠採取の手段を得たが、ポルトガル植民地政府にとっても、彼らに船を与えることは、真珠を得るという経済的利益にかなっていた。

もともとマンナール湾岸にはタミル系のヒンドゥー教徒とイスラーム教徒の真珠採り潜水夫がいたが、一五三〇年代の改宗でタミル系キリスト教徒の真珠採り潜水夫も誕生したのである。

カーヤル派生の三つの都市

カーヤルへのポルトガルの進出とパラヴァスの改宗は、この地の都市形成と宗教的住み分けにも影響をおよぼした。パラヴァスがキリスト教に改宗すると、イスラーム勢力による襲撃が激化した。ポルトガルのペスカリア長官たちは安全な場所を求め、ターンブラパルニ川北岸のカーヤルから、南岸に拠点を移した。カーヤル在住のイスラーム勢力も、この地を離れ、カーヤルよりかなり南方の地に彼らの町を建設し、そこで暮らすようになった。[38]

もともとのカーヤルはプラヤカーヤル（*Playakayal*）と呼ばれ、ターンブラパルニ川南岸のポルトガル人の新拠点はプッナイカーヤル（*Punnaikayal*）と命名された。[39] イスラーム勢力が築いた南方の町は、カーヤルパッティナム（*Kayalpattinam*）と呼ばれた（図1）。ポルトガルの対外進出で、プラヤカーヤル、プッナイカーヤル、カーヤルパッティナムというカーヤルとかかわる三つの町が存在するようになり、キリスト教徒とイスラーム勢力の住み分けが促進された。これらの三つの町の存在は、カーヤルという町がそれぞれの宗教勢力にとって重要であったことを示している。

マルコ・ポーロの『世界の記述（東方見聞録）』にはパーンディヤ朝の繁栄する大都市としてカーヤルという地名が登場する。[40] 翻訳者や研究者は多くの場合、カーヤルパッティナムと見なしてきた。しかし、本来のカーヤルはプラヤカーヤルなので、マルコ・ポーロの時代のカーヤルもこの町と考えるべきだろう。真珠の産地の歴史は、地名比定の観点からも重要である。

一五四〇年代になると、ポルトガル勢力はペスカリアの行政府をプッナイカーヤルからやや北にあるトゥティコリンに移転した。以後、トゥティコリンが彼らの「ペスカリア」行政区の中心地となり、ポルトガル人長官や官吏、駐屯兵、商人などが暮らすようになった。一方、プッナイカーヤルは、これから見るように、イエズス会の重要な拠点となった。イエズス会書簡では「プニカレ」と呼ばれている。

3 真珠採り潜水夫に特化したザビエルの宣教

ザビエル派遣の背景

一五四〇年代初め、マンナール湾インド沿岸部に派遣されたのが、イエズス会創設者の一人であるザビエルであった。

一五三〇年代のパラヴァスの集団改宗は、ポルトガル王室において歓迎すべき出来事として受け取られ、王室はパラヴァス厚遇の政策を打ち出していた。パラヴァスにはポルトガル姓の名字の使用を認め、その有力者には王侯貴族に冠する「ドン」という敬称の使用も許可したが、これらも特別待遇の証《あかし》であった。パラヴァス支援に必要な出費は国庫からの支出を認めていた[41]。

ポルトガル王室はパラヴァスが真珠採取に不可欠な潜水労働者であることを認識しており、彼らを正しく扱えば、真珠や金銭を入手できるという経済的な期待があった。そうした中、ポルトガル王室の懸念は、ペスカリア長官など現地のポルトガル人官吏たちによるパラヴァスへの抑圧や搾取であった[42]。長官たちはポルトガル国王への真珠の貢納を求められていたが、自分たちの利益のためにさらにパラヴァスを酷使する可能性があった。一五四〇年代初めには、南米カリブ海の真珠採取で多くの先住民が死亡していることを訴えるラス・カサスのスペイン宮廷での活動のことはポルトガル宮廷にも聞こえていたはずである。真珠の獲得という目的のためにはポルトガル王室は現地ポルトガル人の行動を監視する必要があった。実際、長官たちの横暴によって、キリスト教の信仰を放棄し、ヒンドゥー教に戻るパラヴァスも少なくなかった。パラヴァス自身は政治的・経済的な思惑からキリスト教徒になったため、キリスト教の教理教育も十分に受けていなかった。こうした状況を改善するために、ポルトガル王ジョアン三世が派遣したのが、ザビエルであった。

図4　聖フランシスコ・ザビエル像
（神戸市立博物館蔵、Kobe City Museum / DNPartcom）

ザビエルの特権的立場

ザビエルは一介の宣教師としてインドに向かったのではなかった。ジョアン三世とローマ教皇パウロ三世からそれぞれ「国王巡察使」の役割と「教皇大使」の役職を与えられた特権的で高位の宣教師だった(図4)。ザビエル研究者の岸野久によると、「国王巡察使」とはポルトガル領インドの赴任者たちの勤務態度などを調べる官吏のことである。この任務は公式ではなかったものの、ザビエルにはこのような役割が与えられていた。一方、「教皇大使」は、教皇の正式代理の役職だった。[43] つまりザビエルは、聖俗の支配者から大きな権威を与えられて、インドに派遣されたのである。ザビエル派遣の主要な目的は、キリスト教徒になった真珠採り潜水夫たちの保護と信仰強化だった。パウロ三世がザビエルに与えた一五四〇年七月二十七日の小勅書によると、新改宗者を守り、彼らの信仰を深めることがザビエルの第一の使命となっている。第二の使命が異教徒の改宗である。小勅書はジョアン三世の要請を受けて発行されたため、パラヴァスの信仰強化の優先は、ポルトガル国王の意向でもあった。[44]

マンナール湾インド沿岸部に向かったザビエル

ザビエルは一五四一年四月、リスボンを出発し、一五四二年五月にインド総督府のゴアに到着した。ゴアからコモリン岬を回って、同年十月にマンナール湾インド沿岸部の一地点に到着し、そこで下船して宣教活動を開始した。ザビエルの上陸地は定かではないが、シュールハンマーはマナパッドというカーヤルよりかなり南の村に比定している。[45] ザビエルはこの上陸時から一五四三年九月までの期間、一五四四年二月から一五四四年十一月ごろまで二回にわたっておもにマンナール湾インド沿岸部に滞在し、宣教活動を行った。二年に満たない宣教活動であったが、パラヴァスの信仰強化では大きな成果を上げることができた。ザビエルのインド沿岸部での宣教には三つの特徴があった。

ザビエルの宣教活動の特徴

第一の特徴は、新キリスト教徒であれ、ヒンドゥー教徒であれ、ザビエルの宣教はおもに真珠採り潜水夫を対象にしたものだったことである。

一五四二年十月のザビエル書簡によると、彼はインド沿岸部に到着すると、トゥティコリンまで歩きながらキリスト教徒のいる土地を回っていったが、そのキリスト教徒はすべて海に張りついて、「海の富」だけで暮らす漁夫であったという。[46] 彼の宣教活動は、すでにキリスト教徒のパラヴァスの村を訪ねることから始まっていた。

ザビエルは真珠採り潜水夫カレアスも改宗させた。彼らはおもにマンナール島などで暮らすカーストであるが、一部はインド側の南部の村で暮らしていた。[47] ザビエルはその村のカレアスの改宗に成功し、新たなキリスト教徒の真珠採り集団を誕生させた。マンナール湾インド沿岸部にはさまざまなカーストがいたが、ザビエルがおもにかかわったのは、パラヴァスとカレアスという真珠採り潜水夫集団だったのである。

ザビエルは真珠採取も管轄しようとした。一五四四年十一月のザビエル書簡は、トゥティコリンの島々での「真珠貝採取」を希望する信者には、よい時期を外さないでそこへ行かせ、我々の命令に従わない者は排除すべきと命じており、不従順な者たち、つまり背教者たちが「我々の海の収穫物」を享受することは、自分の意に反すると語っている。[48]

「真珠貝採取」はおそらく真珠採取のことだろう。[49] ザビエルは「我々の海の収穫物」という表現をしており、マンナール湾を自分たちの海とみなしている。その海では、彼らに従順なキリスト教徒にのみ真珠採取を実施させようとする独占的な姿勢があったこともうかがえる。ザビエル自身が真珠採取の現場に行ったかどうかは、現存するザビエル書簡からは明らかではないが、真珠採取を彼らの管理下におくことには強い関心をもっていた。[50]

ザビエルの宣教活動の第二の特徴は、パラヴァスやカレアスの二〇〜三〇程度の集落を回ったことであり、マンナール湾インド沿岸部を端から端まで回るような広域の活動ではなかったことである。ザビエルの「ペスカリア海岸」での宣教は早い時期から称賛され、その「ペスカリア海岸」は五〇レグア(約二八〇キロメートル)にもおよび、コモリン岬からラーメシュワラム島まで、あるいはマンナール島にいたる広大な海岸とされてきた。[51] したがってザビエルには、彼がインド沿岸部をすみずみまで回る大規模で精力的な活動を行い、多くの現地の住民をキリスト教徒に改宗させたような印象が与えられてきた。

しかし、実際のザビエルの活動は、すでにキリスト教徒となっていたパラヴァスの信仰強化やカレアスの改宗を目的とした限られたものであった。一五四四年一月のザビエル書簡は「私が回っているこの海岸には、三〇のキリスト教徒の地がある」と述べているが、シュールハンマーは、ザビエルが宣教に従事したパラヴァスの村は、二二村だったと考証している。[52] ザビエルの活動は、インドを広く回り、社会の底辺で抑圧されている哀れな異教徒を一人でも多く改宗するというものではなかったのである。

ザビエルの宣教の第三の特徴は、意図的な温情主義で潜水夫たちの信頼を勝ち取ったことである。ザビエルは助祭のフランシスコ・マンシラスに宛てた一五四四年三月の書簡で、真珠の漁場《ペスカリア》から戻ってきた男たちの中に病人がいれば、彼を訪れ、子どもに福音書を読ませ、「多大な愛情で」接するように述べ、さらに「彼らから愛されるように努力しなさい」と命じている[53]。

一五四八年二月のイエズス会宣教師へ向けた訓話では、ザビエルは「あなたがたは……この地の人びとから愛されるように努力しなさい。彼らから愛されていれば、嫌悪されているよりもずっと大きな成果を挙げられるでしょう」（河野純徳訳）と述べている。訓話の最後にも「あなたがたが訪れるところ、滞在するところ（で）人びとから愛されるように努力してほしいのです……なぜなら、この方法（マネイラ）によって前にも言ったように、大きな成果を挙げられるからです」[55]（同）と繰り返している[54]。ザビエルは、土地の人から愛情を獲得することを「方法」と呼んでいるので、それが意図的で戦略的だったことがわかる。これによって、パラヴァスやカレアスと親密な関係を築き、大きな成果を得ることができた。宣教における温情主義は有効だった。

ザビエルの温情主義を南米カリブ海の真珠採取業の潜水夫酷使と比べると、対照的なのが興味深い。ザビエルたちから「多大な愛情」を注がれたインドの真珠採り潜水夫の運命と、過酷な真珠採取の潜水労働で死んでいったバハマの先住民の運命は大きく異なっていた。ザビエル自身も南米の真珠採取の実態を聞いており、パラヴァスやカレアスの保護は彼の関心事であったと思われる。

4　真珠採り潜水夫を囲い込んだザビエル後のイエズス会

ザビエル後の宣教活動

ザビエル後のイエズス会では、エンリケ・エンリケスという宣教師が「ペスカリア海岸」を管轄するようになった。彼は上長の時期も含め、一六〇〇年に死亡するまで、約五〇年間この地に滞在した。彼はタミル語を習得した最初のヨーロッパ人であり、キリスト教教義のタミル語への翻訳やタミル語辞書の編纂《へんさん》などにも尽力した[56]。

エンリケスたちはキラカライなどの北部の海岸地方での宣教も試みたが、十分な成果を出せず、キラカライはイスラーム教徒の支配者を擁するイスラーム系の真珠採取の町であり続けた[57]。北部地方はインド内陸部のマドゥライに近く、そこではナーヤカと呼ばれる封建領主化した武将が台頭し、その勢力を拡げていた[58]。マドゥライはパーンディヤ朝の元首都で、この地のナーヤカ政権は真珠の「伝統的希求者」だった。イエズス会は、もともと彼らがプニカレと呼ぶプッナイカーヤルを拠点にしていたが、ヴィジャヤナガル勢力やナーヤカ勢力がパラヴァスの拉致を繰り返したため、一五七〇年ごろにはトゥティコリンに拠点を移した[59]。

一五七五年にイエズス会の巡察使アレッサンドロ・ヴァリニャーノが「ペスカリア海岸」を訪問したことがあった。その状況について『東インド巡察記』（一五八〇年）の中で報告している。ヴァリニャーノは日本に三度来たことのある宣教師で、天正遣欧使節を考案した人物でもある。

「ペスカリア海岸」についてのヴァリニャーノの報告

ヴァリニャーノは、スペイン語で書かれた『東インド巡察記』の中で「ペスカリア海岸《コスタ・デ・ラ・ペスカリア》」の章を立て、「コモリン岬から別の海岸が続いており、そこにはペスカリアのキリスト教徒がいる。彼らがそう呼ばれているのは、真珠《アルフォーファル》と大粒真珠《ペルラス》がとれるペスカリアによってである」(筆者訳)と述べ、[60]次のように続けていく(以下は高橋裕史訳)。

ペスカリア海岸は、非常に権勢のある異教徒の領主に帰属し、その領主はナイケ(ナーヤカ)と呼ばれている。この海岸はトラバンコール海岸(インド西南海岸)よりも大きく、大小併せて三〇ほどの村落があるであろう。それらの村落は、イスラーム教徒のものである一、二の村落を除き、すべてキリスト教徒の漁夫たちのものである。このペスカリア海岸は……マナール島にまでおよんでいる。

我々はペスカリア海岸の各地に、およそ三〇の教会を所有している。それらの地域には、四、五万人のキリスト教徒がいるであろう。このペスカリア海岸……では、我がイエズス会員たちはキリスト教徒を保持し、教理教育を施しているだけである。その理由は、ペスカリア海岸の住民全員が既にキリスト教徒であり、内陸にいる異教徒たちは高貴なカーストに属していて、未だに[改宗への]扉を開いてくれていないからである。このため、ペスカリア海岸では異教徒の改宗が行われていないのである。[61]

ヴァリニャーノの報告は、エンリケス時代の宣教活動の特徴を示しているので、その意味について考えてみよう。

真珠採り潜水夫の囲い込みと排他的布教区の成立

ヴァリニャーノは、「ペスカリア海岸」は、三〇ほどの村落があり、一～二のイスラーム教徒の村落を除き、すべてキリスト教徒の漁夫たちのものであると述べている。村落の数はザビエル時代とほとんどかわっていない。ヴァリニャーノは、四万～五万人のキリスト教徒がいるだろうと述べているので、仮に五万人のキリスト教徒が三〇の村落にいるとすると、一村落の平均人口は一六六七人である。妻や子どもたちも含めた人口なので、それほど大きな数字ではない。多くの集落はまさに真珠採り潜水夫とその家族だけの海人集落のような感じだったのだろう。

つまりイエズス会宣教師たちが「ペスカリア海岸」と呼んでいた布教区は、ヒンドゥー教徒の支配者のナーヤカが支配する広大な沿岸部に点在している三〇ほどの集落とトゥティコリンやプッナイカーヤルなどの二～三の都市のことであった。一～二のイスラーム教徒の村落は、おそらくカーヤルパッティナムとキラカライのことだろう[62]。それら以外の土地では、ヒンドゥー教徒やイスラーム教徒の現地住民が、おそらくイエズス会とかかわらず、彼らの宗教を信奉したまま大勢暮らしていた。エンリケス時代の「ペスカリア海岸」の布教区は、ザビエルの布教地と同様に、異教徒の広大な大地に点在する集落のことであった。

ヴァリニャーノの記述で興味深い箇所は、イエズス会員たちはキリスト教徒に教理教育を施しているだけで、「ペスカリア海岸」では異教徒の改宗が行われていないと述べているところである。イエズス会は、すでにキリスト教徒の真珠採り潜水夫の維持に専念し、教勢をインド内陸部の農業地帯に拡げようとはしていなかった。この現状維持方針は、真珠採り潜水夫の信仰心を維持しておけば、「ペスカリア海岸」の宣教の目的を果たしていたことを意味している。イエズス会の活動は、やはりザビエルの宣教同様に、インドの大地の底辺で為政者に抑圧されている異教徒の魂を広く救済するものではなかったのである。むしろ真珠採り潜水夫を囲い込むものであった。

　実際、イエズス会は「ペスカリア海岸」へのほかの勢力の進出を厳しく制限した。いかなるポルトガル人も「ペスカリア海岸」に一年以上住むことが禁止され、イエズス会から問題があると指摘された人物は追放された。イエズス会はフランシスコ会の参入にも異議を唱えている。エンリケスは、トゥティコリンに拠点をおくペスカリア長官やポルトガル人官吏たちとも激しく対立し、彼らのことを「キリストの十字架の敵」と呼んでいた[63]。ザビエルの任務の一つは、ペスカリア長官などの現地ポルトガル人の監視であったが、エンリケスの時代になると、「ペスカリア海岸」の布教区では真珠採り潜水夫の管理に政治勢力にはいっさい口出しさせないという強い姿勢が感じられる。こうしてザビエル後のイエズス会は「ペスカリア海岸」を彼らの排他的布教区にし、真珠採り潜水夫を独占するようになったのである。

パラヴァスの経済的豊かさ

ヴァリニャーノは、真珠採り潜水夫と宣教師の関係について、次のように述べている。

パードレたちは……当地での方が苦労も少なく成果もたくさん挙げている。その理由は以下の通りである……当地の人々は［真珠］採取のおかげで裕福であり、教会を一層豪華で美しく飾りたててくれていること、加えて支配者からも虐待されることがほとんどなく、ほかの人たちよりもパードレたちの方に多くの愛情を抱き、従順だからである、したがって、このキリスト教界が、我々がインドに有しているすべてのキリスト教界の中でも、最上のものであるのは確かである。[64]〔高橋裕史訳〕

この記述で注目したい内容は次の二点である。

第一に、当地の人々は真珠採取のおかげで裕福であり、支配者から虐待されることがないという箇所だろう。パラヴァスはイエズス会の後ろ盾で安定して真珠採取ができるようになり、経済的に豊かになったことが示唆されている。次章で見るように、真珠の大規模採取ではパラヴァスは彼らの真珠の取り分を公平に受け取っていたため、その真珠を金銀に換金し、ほかの商品を買うこともできた。パラヴァス研究者のS・B・カウフマンは、南インドの農業社会は一般に貧しく、階層的であると強調されてきたが、パラヴァスは必ずしもそうではなく、むしろ海上取引の主体者であり、植民地時代の沿岸部は漁業と繁栄する海上取引の地域であったと述べている。[65]パラヴァスが豊かであるというヴァリニャーノの記述は、誇張だけではないように思われる。

温情主義とイエズス会の世俗的な打算

注目したい第二の点は、当地の人々はパードレに多くの愛情を抱き、従順であるという箇所である。ザビエルは信者に愛情を示すことで成果が出ると主張していたが、そうした温情主義は、エンリケス時代にも用いられていた。温情主義は「使徒的宣教方法」と知られ、イエスの使徒の時代からの手法だった。この宣教方法には、聖職者が密かに期する世俗的な利益があった。たとえばイエズス会の南米ペルーの管区長ホセ・デ・アコスタは『インディアス布教論』の中で、宣教者が温厚と清貧、優しさをもって人々に訴えれば、「人は自ら進んでわが身とわが財産をキリストのために献げる」(青木康征訳)と述べている。[66]

では、温情主義によって、イエズス会宣教師が欲した信者の財産とは何だろう。やはり真珠もその一つだろう。イエズス会は海外布教を日指す修道会であり、その根拠となったのが、『新約聖書』の「マタイ伝」や「マルコ伝」にある弟子たちの派遣を命じる一節だった。そのためイエズス会宣教師は「マタイ伝」や「マルコ伝」の章句に親しんでいた。「マタイ伝」一三章には、高価な真珠を一つ見つけると、持ち物をすべて売り払って買うことが、天の国のたとえとして記されている。宣教師たちが、真珠に強い執着をもったとしても不思議ではないだろう。一六世紀末に日本で活躍したイエズス会宣教師のジョアン・ロドリゲスは、アジアは「最良でもっとも貴重な真珠」など、人々の尊重するあらゆる重要なものを産出すると述べている。[67]

ザビエルについては、彼自身の利益として真珠入手の意図があったのかどうかは、現存する彼の書簡からは明らかではない。ザビエルは一五四五年一月のジョアン三世宛の書簡で、ポルトガル国王たちがインドから物質的利益を受けており、インドの豊かな富で宝庫はあふれているのに、宣教師の派遣など、インドの宣教事業には十分拠出してくれないと不満をこぼしている。[68] この場合の「インドの豊かな富」は真珠のことだろう。少なくとも、ザビエルが温情主義によってパラヴァスの信頼を得て、真珠を入手していたことは示唆されている。

キリスト教徒になったパラヴァスたちには、真珠採取時に税が課されたが、それ以外にも国王への十分の一税やイエズス会への喜捨があった。十分の一税は、国王が教会や宣教師を支援するかわりに個々のキリスト教徒の収入に課す税のことである。[69] たとえば、一五五八年にはペドロ・ロペスという人物(おそらくパラヴァスのキリスト教徒)が十分の一税として、それぞれ六クルザド分の大粒真珠と真珠を納めている。[70] 一五六〇年代まではイエズス会が十分の一税を国王にかわって徴収していたが、一五七〇年代になると、イエズス会の主張によってパラヴァスは十分の一税が免じられるようになった。

ただ、イエズス会への喜捨は引き続き求められていた。パラヴァスたちには「ペスカリア海岸」で活動している宣教師たちの生計を支える義務があり、必要経費や必要物資をイエズス会に払っていた。ヴァリニャーノによると、真珠採取の時期にはキリスト教徒の潜水夫の代表者たちが潜水夫たちから金銭を集め、一〇〇〇クルザドから一二〇〇クルザド前後の「莫大《ばくだい》な額の金銭」を提供してくれたという。[71]

ヴァリニャーノは、「ペスカリア海岸」のキリスト教世界が「最上」であると述べていた。インド沿岸部のイエズス会宣教師たちには、宗教的な達成感のほかに、真珠や金銀の入手という経済的・物質的利益もあったことがうかがえる。

潜水夫の管理者としてのイエズス会

イエズス会の現状維持方針と排他的布教区の成立によって、彼らは「ペスカリア海岸」の真珠採り潜水夫を囲い込むようになった。そのことは、イエズス会が真珠採取の潜水労働力を独占管理するようになったことを意味していた。

すでにザビエルは真珠採取の管轄と潜水夫管理を部下に命じていたが、エンリケスも真珠採取にかかわっていた。彼は、真珠採取はこれまでプッナイカーヤルで行われてきたが、今ではトゥティコリンでも実施され、繁栄していると述べており、インド沿岸部での漁場開発も進めていたようである[72]。

一六世紀半ばのゴア在住のポルトガル人ガルシア・ダ・オルタは、真珠《アルジョーファル》はコモリン岬とセイロン島の間でとれる、この漁場《ペスカリア》は我々国王陛下のものである、(この漁場は)依然として多く(の真珠)を生み出すことができるが、それはそこで働く五万人以上のキリスト教徒の信仰への情熱が費やされているからだと述べている。さらに、このキリスト教世界は、司教総代理のミゲル・ヴァスによって作られ、フランシスコ師(ザビエル)によって促進されたと説明し、「今日、このキリスト教世界はイエズス会の神父たちと助修士たちによって見守られ、庇護《ひご》されている」と続けている。[73] 一六世紀末のポルトガル人テイシェイラも、真珠採取ではイエズス会がすべて牛耳《ぎゅうじ》っていると述べている。[74] 当時のポルトガル領インドの住民や旅行者は、マンナール湾で真珠が大量にとれるのは、イエズス会宣教師たちの活動の成果であるとする一方、彼らが潜水労働者を支配していることも認識していた。

現地のポルトガル人官吏も、真珠採取の潜水労働力管理には、イエズス会が欠かせないことを理解していた。一六世紀後半のセイロン島西岸のチローなどの沖合では、セイロンのコーッテ王が差配する真珠採取が大規模採取の時期を外して行われていた。[75] ジョルジェ・フロリン・デ・アルメイダというポルトガル人会計官は、真珠採取は発展の余地があると見ており、一五九九年の報告書で「我々はここで真珠採取を行うべきである。そのためにはイエズス会を通してほかの海岸に暮らす人々の協力を得なければならない。ここでは彼らが大変必要とされている」と提言している。[76] セイロン島で大多数を占めるシンハラ人は潜水労働の主要な担い手ではなく、真珠採取業を発展させるには、タミル系キリスト教徒の潜水夫が欠かせず、イエズス会の協力が必要だったのである。

＊　＊　＊　＊　＊

一六世紀以前のマンナール湾岸では、インド側でも、スリランカ側でも、ヒンドゥー教徒でも、イスラーム教徒でも、おもにタミル系の人々が真珠産業を独占していた。パラヴァスやカレアスなど、ヒンドゥー教徒の真珠採り潜水夫やイスラーム教徒の潜水夫が存在し、ヒンドゥー教徒の商人チェッティやイスラーム海上商人などが真珠を扱った。彼らはカリカットなどのヒンドゥー支配者と真珠取引で結びついていた。この海域の真珠史は、ポルトガル勢力がマンナール湾岸に進出すると、イスラーム商人とヒンドゥー支配者が連携してポルトガル人を襲撃したという興味深い事例を提供するのである。

一方、パラヴァスは集団でキリスト教に改宗し、マンナール湾岸にはさらにタミル系キリスト教徒の潜水夫が誕生することになった。ザビエルとその後のイエズス会はパラヴァスやカレアスの信仰維持に専念し、彼らだけの排他的な布教区を作り上げ、真珠採り潜水夫を囲い込むようになった。マンナール湾岸のイエズス会の活動は、インド社会の異教徒を一人でも多く救済するというものではなかったのである。

5章 マンナール湾の真珠の大規模採取
——ポルトガルの「官・軍・宗教共同体制」による水産業の成立——

一六世紀中葉になると、ポルトガル勢力はスリランカ側のマンナール島にも進出した。当時のセイロン島北部のジャフナ半島にはサンキリ一世が支配するタミル系のジャフナ王国があり、マンナール島もジャフナ王国の支配下にあった。この島は真珠の大規模採取の基地となるところで、真珠採取を担うタミル系ヒンドゥー教徒のカレアスが暮らしていた。一五六〇年、ポルトガル副王コンスタンチノ・デ・ブラガンサがジャフナ王国の征服を目指し、艦隊を派遣した。激闘の末、ポルトガル勢力が勝利を収め、マンナール島はポルトガルに割譲された。[1]

マンナール島には要塞が建造され、マンナール島長官と一五〇人のポルトガル兵士が駐屯するようになった。[2] マンナール島を拠点にポルトガルの新しい行政区が作られ、インド側の「ペスカリア海岸」も編入されて、マンナール島長官が管轄するようになった。この行政区はセイロンとは異なる行政区だった。[3] 実際の「ペスカリア海岸」は二〜三の都市と三〇程度の海人集落からなる限られたものであったが、ポルトガルはマンナール島の領有で、インド側とスリランカ側に拠点をもち、その間のマンナール湾を内海とする新しいポルトガル領を成立させたのである(4章図1)。

それはまさに「マンナール湾真珠生産圏」支配であり、ポルトガルは真珠の大規模採取で優位な立場を得ることになった。真珠採取以外にはマンナール湾を航行する船にカルタス(通行許可証)を発行し、セイロン島からシナモンを運ぶ船なども監視できるようになった[4]。

一五八〇年にスペインのフェリペ二世がポルトガル王位を継承し、同君連合が成立した際、ポルトガル領インドの状況説明のために公式報告書が作成された。著者は不明であるが、それが一五八二年の『ポルトガル王室がインド各地に有する諸都市、諸要塞に関する報告書』(以下『インドに関する報告書』と表記)で、その中には「マンナール島およびペスカリア・ド・アルジョーファル」という章がある[5]。この「ペスカリア・ド・アルジョーファル」は内容から考えると、インド沿岸部の「ペスカリア海岸」というよりも、マンナール湾の「真珠の漁場」を指している。つまりこの公式の報告書は、海にある「真珠の漁場」を彼らのインドの領土としている。都市や要塞だけでなく、水産業のための海域がポルトガル領とされていたのは興味深い事例だろう。マンナール湾を内海にした意義は大きかったのである。

こうしてポルトガル勢力はマンナール島を拠点にした真珠の大規模採取にかかわっていく。ただ、「マンナール湾真珠生産圏」における真珠採り潜水夫はタミル系キリスト教徒だけではなかった。タミル系イスラーム教徒のラッバイもいれば、ヒンドゥー教の聖地ラーメシュワラム島には真珠採り潜水夫のカレアスがいた。[6] 伝統的な真珠商も大勢もいた。多くの利害関係者がいる中で、ポルトガル勢力はどのようにマンナール島での大規模採取を実施したのだろうか。

1 マンナール島へのイエズス会の進出

ザビエルが命じたマンナール島での宣教

ポルトガルがマンナール島を領有すると、エンリケス率いるイエズス会も進出した。実はマンナール島での宣教はすでにザビエル時代に試みられたことがあった。一五四四年十月ごろ、ザビエルは彼の配下の宣教師をマンナール島に派遣した。宣教師の名前は明らかではないが、その布教活動は成果が出て、多くのカレアスの改宗が実現した。[7] スリランカ側の真珠採取地に最初に進出したのは政治勢力ではなく、ザビエル指揮下の宗教勢力であった。

しかし、このことに激怒したサンキリ一世が、キリスト教への改宗者六〇〇人を殺害した。ザビエルがこの虐殺事件をインド総督に報告すると、総督はジャフナ制圧のための大艦隊の派遣を約束した。しかし、ちょうどそのころ、ポルトガル国王の船がジャフナ沖で座礁し、その積荷がジャフナ王国に没収されるという事件が発生した。サンキリ一世との積荷返還交渉が先決となり、ザビエルの期待していたジャフナへの軍事行動は延期となった。[8] ザビエルは事態が思うように進まないことに落ち込み、インドを離れ、東方に向かうことにした。[9] マラッカなどでの滞在を経て、一五四九年に日本の鹿児島に上陸した。マンナール島での宣教は、しばらく途絶えることになった。

真珠採り潜水夫のマンナール島への移住

ポルトガルが一五六〇年にマンナール島を領有すると、イエズス会は再びその地のカレアスの改宗を進め、さらにインド沿岸部からのパラヴァスとカレアスの移住も実施した。その後、パラヴァスは故国のインドへ帰国したが、カレアスは島に残った。マンナール島はイエズス会の布教区に加わり、もともとこの島の住民だったカレアスの村と、インドからの移住組のカレアスの村が存在するようになった。[10] 布教区の格付けでは「ペスカリア海岸」の方が上位で、マンナール島は「ペスカリア海岸」の上長に服属した。[11]

2　ポルトガルの「官・軍・宗教共同体制」による真珠採取

季節性の真珠の大規模採取

マンナール湾の真珠の大規模採取は、モンスーンがやみ、海が穏やかになる時期に沖合で行う季節性の真珠漁である。[12] 春先の大規模採取は「ペスカリア・グランデ」と呼ばれ、秋口に行われるのは「ペスカリア・ペケーナ(小規模採取)」と呼ばれていた。[13]『インドに関する報告書』は、インドとセイロン島の間の海峡では「オリエント産の真珠《アルジョーファル》と大粒真珠《ペロラス》の大規模採取」が行われるが、それらは非常に称揚されていると述べている。[14]

一六世紀のイタリア人旅行者チェーザレ・フェデリチによると、真珠採取は三月か四月に始まり、五〇日間続けられた。毎年、優秀な潜水夫による事前調査によって真珠貝が豊富にある海域が選ばれ、その海域に向かい合う場所に集落ができ、小屋やバザール、店などが立ち並んだ。それは真珠採取の時期だけ存在する一時的な村であったという。[15] ポルトガルの植民地官吏が熟練の潜水夫の意見を聞きながら、真珠貝の豊饒《ほうじょう》な海域を選定し、真珠採取村の設立場所などを決めていたのだろう。

大規模採取の特徴は、マンナール湾岸の各地から宗教の異なる潜水夫たちが集まってきたことである。『インドに関する報告書』は、異教徒(ヒンドゥー教徒)、イスラーム教徒、キリスト教徒に限らず、多種多様でおびただしい数の民族が真珠採取のために集まる、大粒真珠と真珠を購入したい人々も集まる、彼らはマンナールと呼ばれる小島で過ごすと述べている。[16]

ポルトガル植民地政府は、大規模採取の時期に現れるヒンドゥー教徒やイスラーム教徒の潜水夫や真珠採取船などを排除することはできなかった。したがって、後述するように、彼らに真珠採取税を課し、真珠採取自体は認める方針をとっていた。

大規模なヒトの移動と経済活動

大規模採取時にはどれくらいの人が集まったのだろうか。一六世紀末のオランダ人リンスホーテンは、セイロン島とコモリン岬の間では、毎年、多くの真珠が採取される、少なくとも三〇〇〇人から四〇〇〇人を超える潜水夫がいる、彼らは真珠採取だけで暮らし、生活を維持している、毎年、多くの人が溺れたり、サメに食われたりすると述べている。[17] 一六世紀半ばのイエズス会聖職者フランシスコ・ペレスは、真珠採取の時期には四〇〇〜五〇〇隻が集まると述べ、ポルトガル人旅行者テイシェイラも、やはり四〇〇〜五〇〇隻の数字を挙げている。[18] フェデリチによると、キリスト教徒の船には七〜八人が乗船していた。[19] マンナール湾ではもう少し多くを乗せる船もあったと思われるが、フェデリチの数字を使うと、二八〇〇〜四〇〇〇人の船員がいたことになる。潜水夫と助手の区別は定かではないが、リンスホーテンの述べる潜水夫の数と近い数字となる。

真珠採取の村には、潜水夫のほか、真珠商や宝石商、官吏や代理人、食料品や雑貨を扱う小売商、祈祷師《きとうし》、大道芸人、見物客など、さまざまな人が訪れた。[20] テイシェイラは、五万〜六万人が集まったと述べている。[21] フェデリチは、真珠採取の村には現金をもったあらゆる国の商人が集まり、数日間で真珠を買い上げると述べ、[22] 一七世紀のポルトガル人ジョアン・リベイロも、商人たちは「金や銀の延べ棒、精錬した金や銀」をはじめ、宝石、琥珀《こはく》、香水、絨毯《じゅうたん》など、あらゆる商品を持参したと記している。[23] 真珠の大規模採取の現場では、多くのヒトの移動と集結があり、大量の真珠や金銀、そのほかの物品が取引される大きな経済活動があった。

真珠採取の方法

フェデリチは真珠採取について語っており、要約すると次のとおりである。

真珠採取は小帆船が三～四隻の船団になって行い、朝、多くの船がいっせいに出航する。水深一五～一八ファゾム（二七・五～三三メートル）の海域に達すると、ロープと錘《おもり》石を使って海底まで潜り、真珠貝を採取する。首にかけた籠が貝で満杯になると、ロープで合図を送り、引き上げてもらう。この作業を繰り返し、夕方に帰港する。集めた真珠貝は一山ごとにほかと区別して並べていき、貝の山の長い列ができる。それらは真珠採取の終了時まで手をつけない。採取の時期が終わると、彼らは貝の山を囲むように座り、貝を落として割り、殻を開けていく。貝は死んで乾燥し、もろくなっているので、容易に開けることができる。[24]

フェデリチの記述は一六世紀の大規模採取について興味深い事実を伝えている。まず、朝、数多くの真珠採取船がいっせいに出航すると述べていることである。一九～二〇世紀には深夜にいっせいに出航していたので、一六世紀にはそのころよりも海岸に近い海域で真珠採取をしていたことがうかがえる。海の深さは二七・五～三三メートルと述べているが、少し深すぎるようにも思われる。船が帰港したあと、採取した真珠貝を一山、一山と積み上げていくことや、真珠採取の時期の終了後、真珠をとり出すことも一九世紀と同じである[25]（図1・図2）。

フェデリチが述べていない情報を付け加えておくと、一九～二〇世紀には、一山ごとに積み上げられた真珠貝は所有者ごとに分けられ、別の場所で天日干しにされた。貝の身がしだいに腐ってくると、あたりを飛び回る大量のハエが卵を産みつける。すると、卵から孵《ふ》化《か》したウジ虫が貝の身を食べていく。丸木舟などに腐った真珠貝を入れ、水を張ると、無数のウジ虫が浮かび上がる。それ

図1　20世紀初めのマンナール湾の真珠採取船、帰港時の光景（*The National Geographic Magazine*, Feb. 1912）

図2　19世紀の真珠貝の保存の様子（E. W. Streeter, *Pearls and Pearling Life*, 1886）

らを流し去って、潜水夫たちが手作業で貝から貝の身の残余物を落としていく。再び水を加え、さまざまな浮きカスを流し去る。これを何度か繰り返すうちに、最後には貝殻の破片や砂に混じって真珠が丸木船の底に残るというしだいである。[26]

これが「セイロン方式」として名高い真珠のとり出し法である。フェデリチの時代には水は使っていないようであるが、シーズンの終わりまで貝を積み上げていたので、ウジ虫はわいていただろう。すでに一六世紀に「セイロン方式」の前身となる方法が行われていたようである。私たちはこの方式を思う時、貝の腐る強烈な匂い、腐乱した貝の肉やウジ虫の触感も想像しなければならないのである。

ただ、この「セイロン方式」は完璧だった。ウジ虫が貝の身を食べるので、シード・パールやダスト・パールなどの微細な真珠も集めることができた。マンナール湾の真珠は小さいといわれるが、それはとり出し方にもよっていたのである。

ポルトガル艦隊の出動と排他的漁業権

マンナール湾の大規模採取は必ずしも平穏になされたわけではなかった。宗教の異なる潜水夫の間では優良な真珠の漁場をめぐって海域利用の争いがあった。真珠を獲得したり、潜水夫を拉致《らち》しようとする現地の政治勢力の動きも活発化したが、とくに海上では「マラバーリー海賊」と呼ばれるイスラーム海上商人マーッピラやマラッカーヤルたちが真珠採取船を襲撃した。こうした状況に対処するため、ポルトガルには軍事活動が必要で、真珠採取の海にポルトガル海軍が派遣されることになった。

フェデリチは、武装した三〜四隻のポルトガルのフスタ船が巡航し、真珠貝を採取しているキリスト教徒の漁夫たちを海賊から守っていると述べている。[27]『インドに関する報告書』は、ポルトガル植民地政府はマンナール島に長官をおき、その沿岸部と真珠漁場《ペスカリア》を「キリスト教徒に有利になるように」防衛するために、「国王の費用で」八隻の櫂《かい》付きのナヴィオの艦隊を配備していると述べている。[28]櫂付きのナヴィオはフスタ船のことである。『インドに関する報告書』はフェデリチよりあとの時代の一五八二年に書かれている。この時期になると、ポルトガルの護衛船は八隻になり、さらに厳重な警備になっていたことがわかる。

そのほかのヨーロッパ人の記録も、セイロン島とコモリン岬の間では多くの真珠がとれるため、ポルトガル国王は真珠採取を監視する長官を兵士とともに配していることや、真珠採取の時期にはマラバーリー勢力が武装した船で現れ、漁夫の拉致を試みるため、ポルトガルは彼らを保護していたと記している。[29]

こうした一連の記述から、ポルトガルの真珠の大規模採取とは、植民地政府が資金を拠出してポルトガル海軍をマンナール湾に派遣し、その艦隊が豊饒な漁場の占有とパラヴァスやカレアスの警護を担い、彼らを海に潜らせ真珠貝を水揚げする国家関与の水産業であったことが明らかになる。それは、まさにポルトガル植民地政府、マンナール島長官、ポルトガル海軍が真珠採取にかかわる

「官・軍共同事業」であり、真珠漁場は、現代の国際海洋法で規定される「排他的経済水域」だったといえるだろう。パラヴァスやカレアスはイエズス会の管理下にあった。したがって潜水労働者管理も含めると、真珠の大規模採取は「官・軍・宗教共同体制」の水産業だった。

ポルトガル人と潜水夫の収益

ポルトガル植民地政府は真珠の大規模採取から税を徴収した。インド総督がマンナール島長官に命じた『マンナール要塞に関する訓令』[30](一五八二年)には「大粒真珠の定額税《レンダ・ド・アルジョーファル・グランデ》」という項目があり、その額は六万四〇〇〇ファナンとされている。六万四〇〇〇ファナンのうち六万ファナンが、マンナール島長官がインド植民地政府に支払う真珠の大規模採取からの税であった。「真珠」ではなく「大粒真珠」の「定額税」という名称になっていることから、その金額相当の大粒真珠で支払われた可能性もある。四〇〇〇ファナンは、パラヴァスとカレアスおよびその代表がイエズス会を通して商務官に納める税であり、真珠採取の許可税だったと考えられる。[31]

真珠の大規模採取は、海から真珠という富が引き上げられている最前線である。そこにはマンナール島長官、ポルトガル植民地政府の官吏、兵士、イエズス会宣教師など多くのポルトガル人関係者がおもむいていた。当然、彼らも利益を得た。

リンスホーテンは、大規模採取の光景として次のような記述をしている。

一日の仕事が完了すれば、国王の補佐官にして擁護者たる指揮官と兵士たち、ならびに潜水夫ら全員が集合して、その日に採取した真珠をそれぞれの分に応じて山分けにする。最初の一山はまず国王に、次の一山は指揮官と兵士らに、その次はイエズス会修道士らに、そして残りは潜水夫らに。配分は厳重な監視と公正のもとにおこなわれる。イエズス会修道士に配分されるのは、かれらは当地で僧院を経営し、初めてこの地の人びとをキリスト教の信仰にみちびいた功績によるのである。〔岩生成一ほか訳[32]〕

リンスホーテンは「真珠」(*perolen*)[33]〈ママ〉を四等分にすると述べているが、この「真珠」は真珠貝を含意するものだろう。つまり、潜水夫が採取した真珠貝は、一日ごとに所有者を明確にして四等分され、その後、真珠貝は天日干しにされて真珠がとり出され、シーズンの終わりには国王、指揮官(マンナール島長官)と兵士ら、イエズス会宣教師、潜水夫たちがそれぞれの真珠貝からの真珠を獲得したのである。国王用の真珠は、先述の「大粒真珠の定額税」に充当された可能性がある。リンスホーテンの記述で興味深いのは、宣教の貢献としてイエズス会宣教師たちに真珠の配分があったことだろう。また、パラヴァスやカレアスの現地潜水夫たちに公平な配分があったことも注目に値する。

彼らが獲得した真珠は自己の所有となり、大規模採取の村に来ている商人たちに売却し、金銀やほかの物品と交換することができた。真珠をとり出す真珠貝の段階で自分の取り分を商人に売却し、現金化する場合もあった。真珠の大規模採取は、それぞれの関係者を潤したのである。

真珠の大規模採取におけるそのほかの収入

真珠の大規模採取は、潜水夫や船主、商人、見物人など五～六万人を集める季節性の一大行事である。ポルトガル植民地政府は、こうした人の集結を奇貨《きか》としてさまざまな税を考案した。

イスラーム教徒やヒンドゥー教徒の潜水夫については、彼らの真珠採取を認めるかわりに、人頭税を課した。まず真珠採取船の船主が、乗船しているイスラーム教徒の潜水夫またはヒンドゥー教徒の潜水夫の人数をポルトガル官吏に申告した。その数は三人のポルトガル人官吏によって確認され、登録された。イスラーム教徒の潜水夫には一人あたり五パルダウ[34]、ヒンドゥー教徒の潜水夫には一人あたり二パルダウが課せられ、真珠採取の終了後にその金額が徴収された。[35] 人頭税の徴収はマンナール湾の海域を優位に支配しているポルトガルの特権でもあった。

彼らは「落ち穂拾い税《レンダ・ド・アリボ》」とでも呼ぶべき税も考案した。これは、採取した真珠貝を積み上げ、天日干ししていた囲いから真珠貝を運び出した時、こぼれた真珠を拾うための許可を得る登録税であった。この税は競売によって事業者が決められた。[36] さらに「取引税」や「出店税」というのもあった。「取引税」は、大規模採取地を訪れる真珠商や商人たちがそこで取引をするために払う税である。大規模採取地では食料などを供給するバザールの設置も不可欠であったが、「出店税」はそのバザールに出店するための税であった。[37]

真珠の大規模採取から利益を得ようとしたのは、ポルトガル人だけではなかった。マドゥライのナーヤカやセイロン王、ジャフナ王も真珠採取の収益を要求した。[38] とくに声高だったのが、マドゥライのナーヤカ政権だった。彼らは一六世紀後半になると、キリスト教徒の集落を除くマンナール湾インド沿岸部の大部分を支配するようになった。ポルトガルも彼らの主張に配慮せざるを得なくなり、大規模採取の一日分の収穫を彼らにわたしていたようである。[39] ナーヤカ勢力はトゥティコリンにも取引所を設けて、代理人を派遣し、そこでの真珠取引にも課税していた。[40] 環マンナール湾岸の政治勢力は真珠の大規模採取が富の生まれる場所であることを知っており、真珠採取やその取引などに関与しようとしたのである。

海域史研究における真珠の大規模採取の意義

マンナール湾の真珠の大規模採取は、潜水夫や船主だけでなく、民族や宗教の異なるインドやアジア各地の商人などを招来する季節性の一大イベントであった。従来のインド洋海域史研究では、モンスーンがヒトやモノの移動を促進したと主張されてきた。[41] しかし、真珠の大規模採取はモンスーンのやむ時期に数万人にもおよぶ人々の移動を促しており、モンスーンだけがヒトの移動の要因ではなかったことがわかる。商人たちは真珠の購入代金として多大な金銀をもち込んでおり、真珠の取引をはじめ、ほかの物品の売買も盛んに行われた。真珠の大規模採取は、関係者がさまざまなかたちで利益を得られる巨大な経済活動だったことを忘れてはならないだろう。

3　真珠の行き先

トゥティコリンの発展

ポルトガルの「マンナール湾真珠生産圏」支配によって、真珠集散地となったのがトゥティコリンだった。もともとカーヤルが集散地であったが、その後、トゥティコリンが「ペスカリア海岸」の政治・宗教の中心地となり、マンナール湾の真珠を集める集散地になった。大規模採取の時期は一過性の村が取引地となるが、真珠採取が終了すると、そこに長逗留《ながとうりゅう》する必要がなくなり、その後の取引はトゥティコリンに移された。取引は六月半ばから始まり、七月から九月、時には十月まで続けられた[42]。

フェデリチによると、貝からとり出されたあとの真珠の分類を担っていたのが、チェッティ商人だった。彼らは真珠のエキスパートで、真珠を四つの品質に分類した。最良の丸い真珠はポルトガル真珠、二番目に良質の真珠はベンガル真珠、三番目の真珠はデカン真珠、品質が一番悪い真珠はカンベイ真珠と呼ばれた[43]。こうした名称はその商人たちが優先的に真珠を購入していたことを示している。

トゥティコリンの利点はインド各地と陸路や海路でつながっていたことであった。フェデリチの記述からベンガルやデカン、カンベイとのルートがあったことがわかる。マドゥライへの陸路も重要で、インド内陸部への真珠の輸送では行商にも強いチェッティが活躍した。最大の輸送先はポルトガルのインド総督府のゴアであり、ポルトガル商人などが輸送した。ゴアはマンナール湾の真珠の「上位集散地」だった。ゴアについては次章で見ることにしよう。

イスラーム・ネットワーク

イスラーム教徒の真珠交易ネットワークについても考察しておこう。一六世紀の「マンナール湾真珠生産圏」にはカーヤルパッティナムやキラカライなど、真珠採取とかかわるイスラーム系の町があった。潜水夫ラッバイが採取した真珠は、マラッカーヤルやマーッピラなどの海上商人によってカリカットやアデンなどに輸送されていたかもしれない。アデンは、もともと紅海の伝統的な真珠集散地であり、メッカやメディナ、カイロやアレクサンドリアなどに真珠を輸出していた。こうしたイスラーム・ネットワークにより、マンナール湾の真珠はサウジアラビアやエジプト方面、トルコにも入っていった可能性がある。

ポルトガルによる「マンナール湾真珠生産圏」支配の終了

一六五八年、トゥティコリンとマンナール島はオランダ東インド会社によって奪われ、ポルトガルによる「マンナール湾真珠生産圏」支配は終了した。[44] オランダ東インド会社はローマ・カトリック教会に属するパラヴァスとカレアスをプロテスタントに改宗させようとしたが、潜水夫たちの信仰心は強く、その試みは成功しなかった。オランダ東インド会社は彼らに従順な潜水労働者を組織することができず、真珠漁場もかつてほど豊饒《ほうじょう》ではなく、真珠採取を不定期にしか実施しなくなった。[45] 彼らはインド綿布に関心を移し、真珠採取はしだいにオランダ東インド会社にとって主要な産業ではなくなっていった。パラヴァスとカレアスは、その後もローマ・カトリックへの信仰をもち続け、今日まで続くタミル系ローマ・カトリック集団になった。

＊　＊　＊　＊　＊

一六世紀中葉、ポルトガル勢力はマンナール島の領有で、スリランカ側とインド側に版図をもち、マンナール湾を彼らの内海と見なすようになった。それはまさに「マンナール湾真珠生産圏」支配であった。ポルトガルの公式報告書では、マンナール湾の「真珠の漁場」が王室所有の領土の一つとされており、水産業のための海域がポルトガル領と見なされていた興味深い事例となっている。

ポルトガル勢力は「マンナール湾真珠生産圏」支配によって、真珠の大規模採取で優位に立ったが、敵対勢力も少なくなく、彼らは「官・軍・宗教共同体制」を組織して真珠採取に関与した。一六世紀に国家、海軍、宗教が一体となって現地のキリスト教潜水夫を使役する水産業が成立したのである。[46] その水産業はヨーロッパ勢力がアジアの海でヨーロッパ向けの商品を生産するだけでなく、アジアの海でアジアの多くの人々が欲する商品を生産するものでもあった。

6章 真珠のグローバル市場ゴアの誕生

――ポルトガルがアジアに作った真珠・宝石集散地――

一六世紀になると、スペイン勢力は「南米カリブ海真珠生産圏」を支配し、ポルトガル勢力は「ペルシア湾真珠生産圏」と「マンナール湾真珠生産圏」のかなりの部分を掌握した。ヨーロッパ勢力による三大「真珠生産圏」支配によって、真珠の流通や市場の在り方に何らかの変化が生じただろうか。

実はこうした状況の中、世界各地から集めた真珠の品種の多様さと集まる商人の多民族性によってグローバルな真珠市場として発展したのがゴアであった。ここでいう「グローバル」とは、「新世界」も含めた地球規模でのヒトやモノの移動のことである。ゴア市場は、新世界の真珠をはじめ、地球上の主要な産地から真珠を集める大集散地となったのである。それは世界各地の真珠を一つの地点に集約するグローバル化でもあった。ゴアは一五三〇年にポルトガル海洋帝国の首都となり、ゴア司教区も創設された。ポルトガル領インドの政治・経済・宗教の中心地で、ポルトガル人だけでなく、ほかのヨーロッパ人やインドの現地住民、アジア諸地域の商人たちが暮らしていた。本章では「グローバル市場」ゴアの特徴やそこで活躍した商人たちの事業戦略について見ていこう。[1]

1 ゴアに集まった世界の真珠とグローバル化

オルタの『インドの薬草と薬物についての対話』

ゴアの真珠市場について重要な情報を与えてくれるのが、同市在住のユダヤ系ポルトガル人ガルシア・ダ・オルタによる一五六三年の『インドの薬草と薬物についての対話』である。[2] オルタの本業は医師であったが、彼は医薬や宝石、真珠を扱う貿易商や船主でもあり、博物学者でもあった。[3] 彼の知見を披露したこの書物は、一六世紀のスパイス交易研究に欠かせない史料となっている。タイトルに「対話」とあるように、その記述は彼を反映したオルタというゴア在住の人物と架空のスペイン人ルアノとの対話形式となっている。

この書物には真珠に関する対話がある。それが「対話三五」で、「マルガリータ、すなわちアルジョーファルについて、およびチャンク貝について」という見出しがついている。[4]「ラテン語でマルガリータと呼ばれている真珠、すなわちポルトガル語でアルジョーファルと呼ばれている真珠について、およびチャンク貝について」という意味だろう。

「対話三五」、すなわち「真珠の対話」の特徴は、「アルジョーファル」と「ペロラ」の語を使い分け、世界各地のさまざまな真珠について述べていることである。「アルジョーファル」に関しては「厚みがあり、丸く、まったく完璧である」という記載があり、おもにアコヤ真珠を指していると思われる。[5] その一方で「アルジョーファル」はインド洋産の真珠や薬用真珠など、真珠一般としても使われている。「ペロラ」は大粒の真珠に用い、とくに品質の悪い新世界の真珠などに用いられている。オルタが述べる真珠は、当時、ゴアに集まっていた真珠だろう。どのような真珠が来ていたのだろうか。

ペルシア湾の真珠

「真珠の対話」では登場人物のオルタが真珠《アルジョーファル》に言及し、それらの多くはバハレーン、カティーフ、ジュルファル、カマラーンでとれると述べている。[6] バハレーン、カティーフ、ジュルファルは「ペルシア湾真珠生産圏」の採取地で、カマラーンは、ポルトガル領有の紅海の島である。「真珠の対話」の内容から、ゴアにはペルシア湾や紅海のアコヤ真珠などが集まっていたことがわかり、ゴアがこれらの真珠の「上位集散地」だったことが確認できる。クロチョウ真珠も少しは来ていたかもしれない。

マンナール湾の真珠

「真珠の対話」ではオルタの話し相手のルアノが、ほかに真珠《アルジョーファル》がとれるところはあるかとたずねると、オルタは、コモリン岬とセイロン島の間でとれ、この漁場《ペスカリア》は我々国王陛下のものであることと、そこで働く五万人以上のキリスト教徒の信仰への情熱によって、その漁場は多く(の真珠)を生み出していることなどを説明している。[7] オルタは、ここの真珠《アルジョーファル》は細かいものが多く、バハレーンやジュルファルの真珠ほどの厚みはないと述べており、マンナール湾の微細な真珠のことも知っていた。ゴアは「マンナール湾真珠生産圏」の「上位集散地」であった。

ボルネオの真珠

さらにオルタは、「大変肉厚であるが、それほど形のよくない」ボルネオのものがあると述べている。真珠の語彙は示されていないが、文脈から真珠《アルジョーファル》と判断できる。[8] ボルネオ島(カリマンタン島)からフィリピン諸島にかけての海域には、世界最大の真珠貝であるシロチョウガイが生息している。この貝からごく稀《まれ》に数センチはあるような大粒真珠や貝付き真珠がとれることがあったが、それらは往々にしていびつな形をしていた。[9] オルタのいうボルネオの真珠はこうしたシロチョウ真珠のことだろう。

シロチョウ真珠は数年に一度とれるかとれないかの偶然の産物だったため、真珠採取が行われても、中断や中止が多かった。[10] たまにとれたシロチョウ真珠はマラッカなどに集められて、ゴアに運ばれていたと推測できる。

中国の真珠

「真珠の対話」の中のオルタは、中国にも「形のよくないもの」があると述べている。[11] これも文脈から真珠《アルジョーファル》である。中国はインド洋世界の真珠の「伝統的希求地」であるが、同時に真珠の採取地でもあり、輸出国でもあった。

中国南部のトンキン湾はアコヤ真珠の一大産地で、合浦《ホープー》や海南島《ハイナントウ》が採取地だった。クロチョウガイも少しは生息していたようである。[12] 合浦や海南島の真珠採り潜水夫だったのが、蜑民《たんみん》と呼ばれる船上居住者だった。彼らは一生を船の上で暮らす人々として有名である。[13] 合浦の真珠採取は、明《みん》朝の官吏の厳しい監視下にあり、採取される真珠は官吏によって徴収されていた。

一六世紀半ばにトンキン湾を訪れたポルトガル人メンデス・ピントによると、五カラット（直径約九ミリ）以上の大粒真珠《ペロラス》は三分の二を中国皇帝が徴収し、それ以下の大粒真珠は半分、真珠《アルジョーファル》は三分の一を取り立てた。[14] 多くの真珠が貢納されたが、それでも一定量は蜑民の手元に残っており、こうした真珠が輸出に向けられたと考えられる。

一六世紀初めのポルトガル語文献は、海南島で真珠《アルジョーファル》が採取されていることや中国人が真珠《アルジョーファル》をもってマラッカに交易に来ることなどを記している。[15] ポルトガル人は早い段階で輸出に回される中国のアコヤ真珠を知っていた。一六世紀末のポルトガル人旅行者のテイシェイラは、中国には「トポ」と呼ばれるいびつな真珠があり、ポルトガル人はそれらをインドに輸出することで、何度も莫大《ばくだい》な利益を得たと述べている。[16]「トポ真珠」は丸い形状に突起のある真珠だと思われる。オルタの語る「形のよくない」中国の真珠も、こうした「トポ真珠」なのかもしれない。ポルトガル商人は、そうした二級品の真珠をインド向けに仕入れることで商機を見出していたのである。彼らが海南島の蜑民から直接真珠を仕入れたのか、マラッカ、マカオなどで中国の真珠を調達したのかは、定かではない。そのどちらも可能性があるだろう。

スペイン領の大地や島々の真珠

「真珠の対話」では、スペイン領アメリカの真珠がゴアに来ていることが語られている。対話の中のオルタが、スペイン王が領有する(アメリカの)大地や島々からどれくらいの量がヨーロッパに運ばれ、集められているのかをたずねると、ルアノは、多くの優れた真珠《アルジョーファル》が来ているので、商務官の彼の兄弟がここ(ゴア)で売るためにその多くを運んでおり、財産を二回は倍にできるだろうと言っていると述べている。[17]

ここでいうスペイン領の大地や島々の真珠は、クマナ、リオデラアチャ、マルガリータ島などのアコヤ真珠だろう。カリブ海の真珠はインドで利益を出せるため、目端《めはし》が利くスペイン人商務官や商人などによって、スペインからリスボンなどを経由してすでに一五六三年にはゴアに運ばれていたことがわかる。

一七世紀前半にペルシア宮廷を訪問したスペイン使節団大使のガルシア・デ・シルバ・イ・フィゲロアはその報告書の中で、(ベネズエラの)パリア半島、クバグア、サンタマルタ、マルガリータ沖で採取される大量の真珠は白いため、ヨーロッパの女性に好まれるが、アジアの王侯貴族は真珠を大変珍重し、ヨーロッパよりも高値をつけるため、多くのヨーロッパ人が真珠をペルシアやインド全土で売ろうと渡航してくること、商人たちがそうした真珠で相当な利益を得ていることを述べている。[18] カリブ海の真珠のペルシア・インド世界への輸送は、一六世紀中葉から一七世紀にも続く一つの潮流だった。ポルトガル商人や赴任者たちもその輸送に関与していたと推測できる。

新世界のバロック真珠

「真珠の対話」の中のオルタは、スペイン領アメリカの大粒真珠《ペロラス》にも言及し、インディアスから来るものは「バロック」(*barrocos*)であり、「形がゆがみ、丸くなく、死んだ色をしている」と語っている。[19]「バロック」という言葉はすでに一六世紀初期のクバグア島の真珠の分類で使われていたが、ここでの「バロック」は、その形状を明確に述べていることで重要である。「形がゆがみ、丸くなく、死んだ色をしている」という特徴は、パナマクロチョウ真珠の特徴の一つである。パナマ湾ではスペイン人による真珠採取業は発展せず、スペイン帝国は現地の住民にパナマクロチョウ真珠を貢納させていた。[20] 貢納の真珠はセビリャに送られたが、そのうちのバロック真珠が一五六三年時にはゴアにまでもたらされていた。

ここで注意したいことは、パナマクロチョウガイは純白色や鉛色のドロップ型の真珠や大粒の円形真珠なども生み出すことである。そうした真珠はヨーロッパの王侯貴族に珍重されてインドへの

図１　バロック真珠のトリトンのペンダント（1580〜1590年、銀器博物館〈フィレンツェ〉蔵）

輸出にはそれほど回らなかったと考えられる。イングランドのエリザベス一世には、おそらくパナマクロチョウ真珠と思われる鉛色の大粒真珠のネックレスをつけた肖像画が残っている（口絵⑥）。また、バロック真珠でも光沢のきれいなものはジュエリーに使われた（図１）。「形がゆがみ、丸くなく、死んだ色」のバロック真珠ならば、インドへおもむく人々もどうにか入手できたのだろう。カリブ海のアコヤ真珠は量の多さによってインドまで運ばれたが、バロック真珠は質の悪さによってインドにもたらされた。

ペルーの緑の大粒真珠

オルタは、ペルーの著述者たちが緑の大粒真珠《ペロラス・ベルデス》があると言っても、自分は間違いだとは思わないと述べている。[21] 緑色の真珠とは意外であるが、中南米のクジャクアワビやマベガイなどが、実際に緑や黒緑の真珠を生み出してきた。[22] アワビは真珠貝の一種であり、緑やピンクに輝く虹色の貝殻内面を思えば、緑色の真珠は想像できるかもしれない。オルタは緑の真珠を実際に見ていないようであるが、その存在は知っていた。一六世紀半ばには珍しい中南米の真珠情報もゴアに届いていたのである。

四つの大陸に接続した新世界の真珠

このように「真珠の対話」を真珠の品種も勘案して読むと、著者のオルタが、ペルシア湾、紅海、マンナール湾のアコヤ真珠をはじめ、ボルネオのシロチョウ真珠、中国のアコヤ真珠、さらにカリブ海のアコヤ真珠やパナマクロチョウガイのバロック真珠などに言及していることがわかる。すでに一六世紀の人物が、真珠を一律に「真珠」と見なすのではなく、どの海域でどのような真珠がとれるかということに関心を払っていたのである。

オルタの『インドの薬草と薬物についての対話』が書かれた一五六三年は、太平洋をわたるメキシコとフィリピン間のガレオン貿易が開始される以前の時期である。ガレオン貿易は一五七一年のマニラの設立で本格化した。したがってオルタが言及した新世界の真珠はスペインに輸送されたあと、アフリカの喜望峰を回って、インドに到達したことになる。すでに一六世紀半ばに、新世界の真珠はアメリカ、ヨーロッパ、アフリカ、アジアという四つの大陸に接続する「グローバル商品」になっていた。

「グローバル市場」ゴアの形成

その新世界の真珠を集めるゴアも「グローバル市場」ということができる。ガレオン貿易以前に喜望峰回りでアメリカ、ヨーロッパに接続したアジアの真珠市場の成立は、おそらくゴアが史上初だろう。そうした市場はほかに見当たらないからである。真珠史や宝石史の先行研究では、一七世紀のゴアに新世界の真珠やエメラルドが入っていたことが明らかにされてきた。[23] しかし、オルタの記述は新世界との接触がすでに一六世紀半ばに起こっていたことを物語っている。

「グローバル市場」ゴアは、真珠という一つの商品の多品種を地球規模で集約する市場でもあった。しかも、その市場は一級品だけでなく、品質の劣るバロック真珠まで集める市場だった。一七世紀半ばのフランス人宝石商タヴェルニエも、ゴアでは真珠の大きな取引があり、ペルシア湾、マンナール湾、アメリカの真珠を集めるばかりでなく、ほかの地域では評価されない真珠までもたらされると語っている。[24]

ここで注意したいのは、「市場」といっても、中央市場や真珠取引所などの設備のある「市場」ではなく、真珠の小売店での売買や人的ネットワークによる取引、売り手と買い手の遭遇による相対取引などによって、真珠取引が継続的に行われる「場」のことである。

図2と表1は、ゴアに集まる真珠の産地と品種をまとめたものである。

ガレオン貿易以後のゴア

一五七一年にマニラがスペインの新たな貿易拠点になると、ゴアにはマニラからも真珠が運ばれるようになった。一七世紀前半のポルトガル領インドに関する公式報告書によると、マニラからゴアに戻る船隊がオランダ船に狙われると、ポルトガル人は船を座礁させるなどして、金、ルビーなどの宝石、真珠、アルジョフレス《アルジョフレス》、麝香《じゃこう》などを守ったという。[25] なぜ船を座礁させるのかその理由は定かではないが、

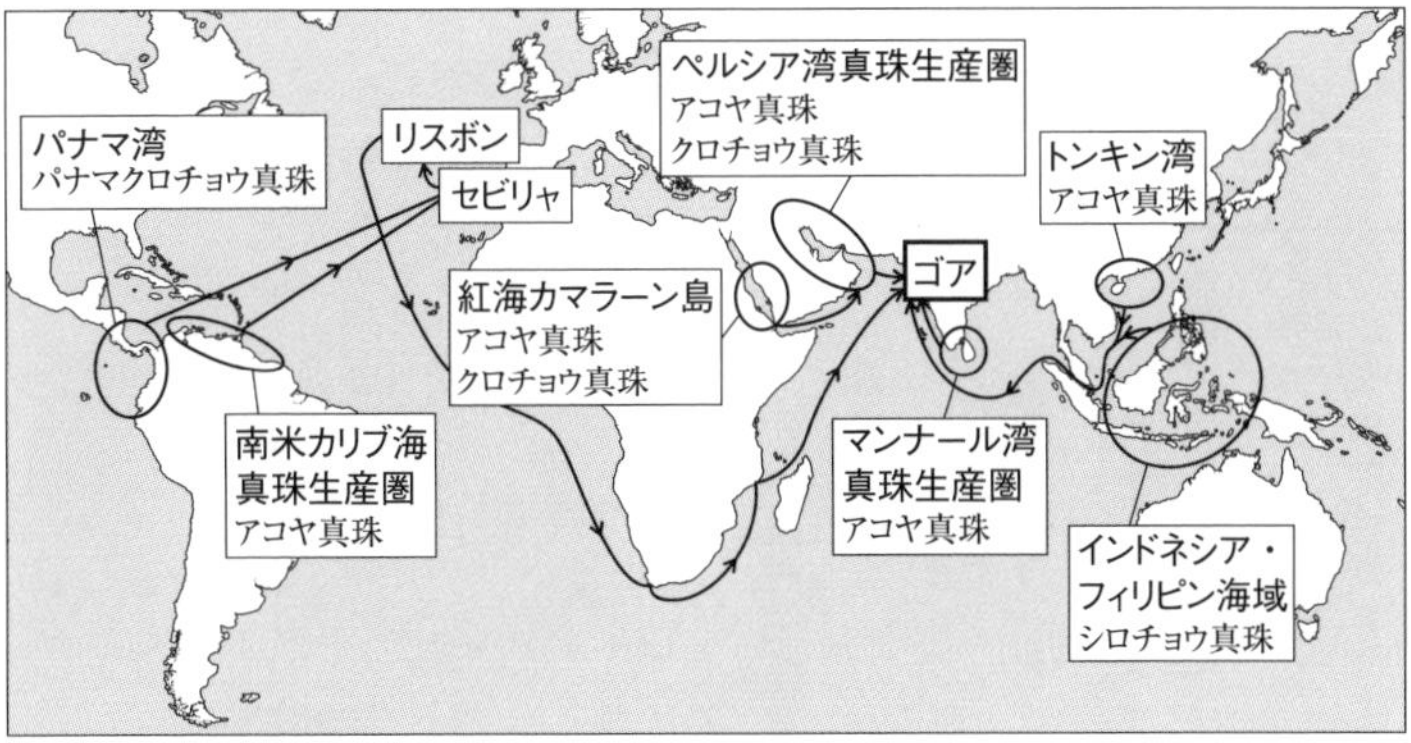

図2　世界各地の真珠を集めた「グローバル市場」ゴア

表1　真珠生産圏・海域と真珠の種類(ゴアに集まった真珠)

生産圏・海域	真珠の種類(推定)	備考
ペルシア湾真珠生産圏 紅海(カマラーン島沖)	アコヤ真珠 クロチョウ真珠	紅海の真珠はホルムズ経由
マンナール湾真珠生産圏	アコヤ真珠	
インドネシア・フィリピン海域(ボルネオ沖)	シロチョウ真珠	マラッカ経由
トンキン湾(海南島と合浦)	アコヤ真珠	マラッカ経由
南米カリブ海真珠生産圏	アコヤ真珠	ヨーロッパ経由
太平洋(パナマ湾)	パナマクロチョウ真珠 (とくにバロック真珠)	ヨーロッパ経由
太平洋(中央・南アメリカ)	アワビ真珠 マベ真珠	ゴアに情報が届く

少なくとも金やルビー、真珠を死守したことはわかる。ポルトガル商人はマニラでも真珠を調達していた。

マニラの真珠はどこの海域の真珠だったのだろうか。マニラには新世界から銀が輸送されていたが、真珠はマニラからメキシコに運ばれていたことが知られている[26]。マニラの真珠は、中国商人が運んできた海南島や合浦のアコヤ真珠だったと思われる。フィリピンの海域でとれるシロチョウ真珠などもあっただろう。一七世紀になると、ゴアはマニラからも真珠を調達する大市場だった。

2　なぜゴアは「グローバル市場」となったのか

ヨーロッパ勢力の「真珠生産圏」の支配

なぜゴアは真珠の「グローバル市場」として大きく発展したのだろうか。

第一の要因は、本章の冒頭で述べたように、ポルトガル勢力とスペイン勢力によるアコヤ真珠の三大「生産圏」支配だろう。とくにポルトガルはペルシア湾とマンナール湾を部分的ながらも掌握した。真珠集散地は「真珠生産圏」を支配した政治勢力の首都であることが多い。ポルトガル海洋帝国の中心地のゴアに真珠が集まったのは、その典型といえるだろう。さらにスペインによる南米カリブ海やパナマ湾の支配によって、新世界の真珠の一部がセビリャやリスボン経由でゴアにもたらされるようになった。ゴアの「グローバル市場」の形成は、ポルトガルとスペインの二大勢力の対外進出が関連した結果であった。

宝石市場としての発展

第二の要因は、宝石市場としての発展だろう。もともと南アジアや東南アジアは宝石が豊富な土地である。ダイヤモンドは、デカン高原の限られた場所やボルネオ島でしかとれなかった。[27]ルビーとサファイアはセイロン島とミャンマーが名高い産地である。スピネル、ジルコン、アメシスト、ガーネット、カーネリアン、ジャスパーなどはインドや東南アジアの各地で産出された。[28]ただ、エメラルドはパキスタン以外にはとれなかった。[29]

南インドの諸王国の首都は真珠や宝石の取引が活発であるが、大粒の真珠や宝石は国王が一定の価格で買い上げ、もち出し禁止の場合が多かった。[30]しかし、ゴアでは宝石の売買は自由であった。[31]しかもポルトガル商人はアジアの相場より高値で宝石を買ったため、現地人が大粒のダイヤモンドや各種宝石をもち込んで、ゴアでの宝石取引が盛んになった。ゴアは、ポルトガル人がインドからダイヤモンドを仕入れる最初の市場でもあった。[32]

タヴェルニエによると、ダイヤモンド、ルビー、サファイア、そのほかの宝石に関して、ゴアではアジア最大の取引が行われていた。[33]G・D・ウィニアスという研究者は、一七世紀のゴアはおそらく当時世界最大の宝石市場だったと主張している。[34]宝石市場と真珠市場は相乗効果によって発展するため、一六世紀のゴアも世界最大級の真珠・宝石市場であっただろう。それによってグローバル化がいっそう促進されたのである。

真珠の「伝統的希求者」の存在――ヴィジャヤナガル王国

第三の要因は、アジア世界の真珠の「伝統的希求者」の存在によって、真珠の大きな需要があったことである。とりわけインドの多くの地域は真珠の熱烈な希求地であった。一六世紀の南インドの強国、ヴィジャヤナガル王国では王国統治の在り方を歌った詩が作られている。その中に「王は馬、象、宝石、真珠、白檀《びゃくだん》等の輸入を盛んにし、貿易を増大すべく港を統轄すべし」(重松伸司訳)という歌詞がある。[35] 真珠の輸入はヴィジャヤナガル王国の国是の一つであった。一五二〇年代にヴィジャヤナガル王国に滞在したポルトガル人ドミンゴス・パイスはその記録の中で、王妃や女官、踊子などが装身具として使う真珠や宝石の量の多さは驚くべきものがあると語っている。パイスによると、宮殿や聖堂の銅像も真珠や宝石、黄金で満たされていた。[36] ヴィジャヤナガル王国はインドを代表する真珠の「伝統的希求者」であった。

スペイン大使のシルバ・イ・フィゲロアは、アジアの王侯貴族はヨーロッパより真珠に高値をつけると述べていたが、タヴェルニエも同様のことを語っている。[37] オルタも「真珠の対話」の中で「(真珠は)スペインよりもインドの方が概して高値がつく。スペイン人にとって(真珠が)丸いか、丸くないか、生き生きとした色か、死んだ色か、よい形か、そうでないかは、決定的な違いがある」と述べ、「インドで一〇の価値がつく完璧な真珠《ペロラ》でもスペインでは二か一の価値となる」と語っている。さらに「ヴィジャヤナガルでは不完全なものにも五か四の価値がつく」と続け、仕入れを倍にし、インド(ゴア)に集まる真珠《アルジョーファル》をヴィジャヤナガルに運ぶと、金を稼ぐことができると主張している。[38] オルタはヨーロッパとアジアの真珠の嗜好《しこう》の違いを認識しており、それで儲《もう》けることができると考えていた。

スペイン人は真珠の品質にこだわり、とくに新世界の質の悪いバロック真珠を低く評価していたが、インド人はそれほどこだわらず、真珠ならば高値をつけて購入する上顧客だった。本書1章で見たように、カウティリヤの『実利論』によると、インドでは亀の形やヒョウタン型の真珠、ざらざらした真珠など、欠陥真珠も数多く出回っており、もともとそれらを利用する伝統があった。オルタが語るヴィジャヤナガルでの真珠の販売は、現実のオルタ自身が実践し、当時のポルトガル商人たちもとっていた行動だったのだろう。彼らはインド人の真珠の嗜好やその執着を知ると、新世界の二級品の真珠まで積極的に売り込む商人だった。こうしてゴア市場のグローバル化が進むことになった。インド人から見れば、みずからの真珠好きに付け込まれたといえるだろう。

インドには前王の財産は減らさないという慣習もあった。マルコ・ポーロは、インドのマアバール地方では先王の財宝には手をつけないという慣習があると述べている。[39] ムガル帝国初代皇帝のバーブルも、ベンガルでは先代の王の財宝に手をつけるのは不名誉で、財宝をためるのが栄誉とされると述べている。[40] インドでは真珠や宝石は蓄蔵されるため、つねに求められていた。

一六世紀後半になると、インド北部を拠点とするムガル帝国が強大になった。彼らもインドの地における真珠の「伝統的希求者」となり、宝庫には真珠がため込まれていた。[41] ムガル皇帝の真珠への愛好は、タージ・マハルを造営したことで名高い一七世紀の五代皇帝シャー・ジャハーンの「クジャクの玉座」の肖像画に見ることができる(図3)。そこではシャー・ジャハーンは、真珠を主体にしたターバン飾りやネックレスなどをつけ、真珠や宝石をちりばめた玉座に座っている。上部の天蓋には真珠の房飾りがついている。彼らの真珠の好みがよくわかる肖像画である。

図3　「クジャクの玉座」に座るムガル皇帝シャー・ジャハーン(ヴィクトリア&アルバート博物館蔵)

3　ゴアで活躍した真珠商たち

ポルトガル商人と中国の顧客

「グローバル市場」ゴア成立のもう一つの要因として、ゴアに集まった民族的・宗教的に多様な商人たちの存在も挙げられるだろう。ゴアにはポルトガル商人をはじめ、グジャラート出身のジャイナ教徒の商人やイスラーム海上商人、アラブ商人、ペルシア商人、デカンやベンガル出身のインド商人、アルメニア商人、ユダヤ商人、ミャンマー、タイ、マラッカ、ジャワ、モルッカからの商人、中国商人、さらにヴェネツィア商人なども滞在していた。[42] ゴア市場のグローバル化が進むと、多くの商人たちが進出し、彼らの存在と活躍がさらに市場のグローバル化を促進した。

ポルトガル商人はインド人に新世界の真珠を売り込んでいたが、彼らはもっと広い範囲でアジア人相手に真珠取引や宝石取引を行っていた。[43] ポルトガル商人はポルトガル領インドの域外にまで進出し、「非公式帝国」と呼ばれる商活動や居住の場を作っていったことで知られている。[44] ゴアにボルネオや中国の真珠がもたらされていたのは、「非公式帝国」における彼らの活動によるところが大きい。こうした地域から真珠を仕入れる商人もいれば、真珠を売りに行く商人もいた。

中国もポルトガル商人の重要な取引地だった。中国はインド洋世界の真珠の「伝統的希求地」であった。真珠は皇帝や皇后、妃の冠、装身具、衣装などに使われた（口絵⑦）。一般の中国人たちも真珠を好んでいた。[45] 中国ではトンキン湾でアコヤ真珠が採取され、内陸部の河川からは淡水真珠がとれていたが、それだけでは真珠の需要に追いつかなかった。したがって彼らはインド洋世界の真珠に関心を示し、その獲得に腐心してきた。『宋史』「互市舶法《ごしはくほう》」の条によると、中国では金、銀、銅銭、絹、瓷器《じき》などが輸出され、象牙、犀角《さいかく》、真珠、宝石、香薬などが輸入されていた。[46]

スペイン人聖職者ファン・G・デ・メンドーサの『シナ大王国誌』によると、中国本土には海南島の大粒真珠や真珠だけでなく、バハレーンやマンナールからも真珠が輸送されており、とくにマンナールからは大量の真珠がもたらされていた。メンドーサは、海南島の真珠の方がバハレーンやマンナールの真珠よりも品質がはるかによいと述べている。[47] ポルトガル商人は品質の劣る真珠を中国にも売り込んでいたのかもしれない。マカオや広州などが取引地だった。[48]

中国は伝統的に真珠の購入に金銀を使用してきた。一六世紀後半、ポルトガル人は中国における銀対金の交換比率を利用して、かなりの量の金を引き出していたので、[49] 真珠の対価としても中国から金を受け取っただろう。絹、陶磁器なども得たと思われる。

ポルトガル商人は、真珠が換金性のあるアジア垂涎《すいぜん》の商品であることを認識し、中国やインドなどのアジアの顧客相手に真珠取引を行った商人だった。アジア世界から金銀を獲得し、インドとの取引ではダイヤモンドなどの宝石も得たはずだった。

真珠・宝石の小売商バニヤン商人

ゴアで活躍した真珠商や宝石商には、西インドのグジャラート地方出身のバニヤン商人もいた。

一六世紀以降のヨーロッパ文献では *Banian*、*Banyan Vaneane* などと記されてきた。[50] 一九世紀から二〇世紀初め、バニヤン商人はインド洋世界の真珠取引で大きな存在感を示していた。彼らは価格の算定など非常に複雑な真珠取引を発展させ、その手法は父から子へと引き継がれ、彼らの家業となった。[51] このバニヤン商人が一六世紀にゴアに進出し、真珠市場のグローバル化に貢献した。

バニヤン商人にはヒンドゥー教徒もいたが、多くの場合、ジャイナ教徒だった。[52] ジャイナ教には不殺生の戒律があり、一六世紀のポルトガル語文献は、彼らのアリやハエも殺さない態度について繰り返し言及している。[53] ジャイナ教徒は虫などを殺すおそれのある農業や漁業に適しておらず、今日でも真珠・宝石業を営むジャイナ教徒は少なくない。養殖真珠の世界的集散地である神戸には、二〇一三年時に一三〇人ほどのジャイナ教徒がいたが、その約八割が真珠貿易を仕事にしていた。[54]

一六世紀初期、インド洋世界で真珠商、宝石商として傑出していたのはタミル系ヒンドゥー教徒の商人チェッティだった。この時期、バニヤン商人はグジャラートの港町カンベイで真珠・宝石の加工業、金融業、穀物取引などにかかわっていた。[55] しかし、ゴアが真珠・宝石の集散地として発展し始めると、彼らはそれを奇貨《きか》としてゴアに進出した。

一六世紀末のオランダ人リンスホーテンは、ゴアにはカンベイ出身のバニヤン商人の店が軒を連ねる通りがあり、あらゆる種類の宝石、真珠、珊瑚《さんご》、カンベイ産の各種物産などが店頭販売されていると述べている。[56] 一七世紀初めのフランス人旅行者ピラールは、バニヤン商人ほど真珠と宝石についていて詳しい人は世界にいないと語り、ゴアの金細工師、宝石細工師などはすべてカンベイ出身のバニヤンかブラフマン[57]であると記している。[58]

バニヤン商人は、ポルトガルによる支配体制を商売上の戦略として受け入れることで成長した商人であった。真珠の調達の在り方は、真珠の生産過程と集散地を掌握する国家とどう向き合うかという商人の政治的・商業的判断とも関連していた。

バニヤン商人はダイヤモンドをデカン高原の辺鄙な産地まで買付に行く商人でもあり、彼らの小売店の存在は、多くの人に真珠や宝石の売買の機会を提供した。[59] アジア各地の商人や代理人、ダイヤモンドを欲するポルトガル人などもバニヤン商人の店を訪れたはずだった。密輸や隠匿、偶然などによって真珠を取得した人や新世界の真珠をヨーロッパから運んできた渡航者も、換金のために密かにバニヤン商人の店を訪れただろう。実際、バニヤン商人はそのための金銀地金を常時用意していた。彼らは密輸でも有名だった。[60] バニヤン商人のゴアへの進出は真珠や宝石の取引を盛んにし、真珠市場ゴアのグローバル化に寄与したのである。

グジャラート地方のイスラーム海上商人は、当初、ポルトガル勢力と激しく対立し、ポルトガル領となった地域から去っていった商人集団である。[61] しかし、一部のイスラーム海上商人は、ゴアでの商取引のため、カンベイとゴア間の海運を担う商人になった。[62] ピラールによると、一年に二〜三回、三〇〇〜四〇〇隻のカンベイの船が、船団となってゴアを訪れた。船団の姿が見えると、ゴアの町では歓声が上がったという。カンベイの船団がもたらす商品は、インディゴ、宝石類、鉄や銅、小麦、絹や綿織物、真珠貝や象牙、宝石をちりばめた金銀製の螺鈿《らでん》細工などであり、ゴアの住民で利益を得ない人はほとんどいなかったという。[63] カンベイの船団は帰りにゴアで多種多様の真珠を購入しただろう。船団にはバニヤン商人も乗船しており、イスラーム海上商人との協力関係があったと思われる。カンベイというアジアを代表する真珠・宝石加工の町は、ゴアが真珠・宝石の「グローバル市場」として発展していくと、かつてのカリカットなどに代わってゴアとの結びつきを優先するようになった。ゴアとカンベイのルートはアジアの伝統的「加工集散地」とヨーロッパ支配下の真珠の集散地が結びついたアジア域内交易の事例であった。

真珠商・宝石商は集散地や産地を目指す

真珠商や宝石商は、真珠や宝石を求めて集散地や産地に果敢におもむく人々である。ヴェネツィア商人もそうした商人だった。一六世紀初め、彼らはコショウ取引でポルトガルと競合していたが、すでにホルムズの箇所で見たように、真珠や宝石の調達のためにはポルトガル支配下のホルムズ、ゴア、マラッカに行くことを厭《いと》わなかった。リンスホーテンによると、ヴェネツィア人はミャンマーにも進出しており、(コロンビアで大量にとれる)エメラルドをもち込んで、ミャンマー産のルビーを入手し、巨利を得ていたという。[64]

ゴアにはアルメニア商人やユダヤ商人も暮らしていた。[65] 彼らは「交易離散共同体」の商人であり、土地に依拠することができないため、高価で嵩張《かさば》らない真珠や宝石の取引に従事するのはむしろ当然のことだろう。[66] ただ、アルメニア人もユダヤ人も、一六世紀の真珠や宝石取引においてはバニヤン商人ほど傑出した存在ではなかった。

一方、ポルトガルの海上覇権に反旗を翻し続けた商人もいた。それがイスラーム海上商人のマーッピラや一部のマラッカーヤルなどで、ポルトガル人から「マラバーリー海賊」と呼ばれていた。彼らはポルトガルの真珠の流通ネットワークの外側で活動していた。チェッティのゴアでの活動は定かではないが、彼らはインド内陸部に真珠を運ぶ役割などを担っていたようである。[67]

バニヤン商人やヴェネツィア商人などにとってもそうであったが、真珠商や宝石商にとってゴアへの進出は、ポルトガルによる支配体制とどう向き合うかという問題でもあった。商人たちはその選択を迫られた中で、ゴアに進出し、グローバル化を進めていったのである。

4　ゴア起点の「ハブ・アンド・スポーク交易」

ゴアでの蓄積

世界各地の産地から真珠を集めたゴアは、その真珠をどこに輸送したのだろう。「ハブ・アンド・スポーク交易」の概念でまとめておこう。

まず忘れてはならないのは、ゴアでは大量の真珠が蓄積されたことである。ゴアに暮らすポルトガル人やその妻は真珠や宝石で飾り立てていた。[68]『新約聖書』が真珠に高い価値をおく以上、キリスト教聖職者は真珠に強い思いをもっており、その獲得には余念がなかった。ピラールは、「ゴアにあるすべての教会と修院は壮麗で、真珠と宝石をちりばめた金製や銀製の聖遺物品がもっとも豪華に備えつけられ、飾られている」と述べている[69]。アジア各地の真珠商、宝石商、加工業者なども真珠の在庫をもっていた。ゴアは大量の真珠が集められている「新興希求地」であった。

リスボンへの輸送

真珠は「インド航路」を使ってゴアからリスボンへ輸送された。このルートでは、ポルトガル国王用の税としての真珠やヨーロッパへの輸出用の真珠などが送られた。ポルトガル領インドへの赴任者たちは、「インド航路」を通って換金用に新世界の真珠を運んできたが、帰国の際は再び真珠をもち帰った。

一五一五年以降、赴任者には交易の特権が認められるようになった。役職に応じていくつかの箱が与えられ、箱に入る限り、自費で購入した品物はもち帰ることが許された[70]。リンスホーテンによると、当初、箱の荷物は寛容に処理されていたが、しだいに検査が厳しくなった。コショウなどの禁制品は没収され、箱の荷物が一〇万レイスを超えると、その超過分には税が課されたため、苦情が相次いだという[71]。

一〇万レイスは、リンスホーテンが述べていた数字から計算すると、下級兵士の約一四三カ月分の給料の額となる[72]。三年間の任期の給料の約四倍近い金額の物品が、交易特権の箱の中に入っていたことになる。コショウなどは禁制品だったので、高価な真珠や宝石などが箱に入っていたはずである。

ゴアからアジア各地へ

先述したように、ゴアのポルトガル商人たちは、真珠をインド各地や中国に輸出していた。ゴアにはデカン地方やグジャラート地方、ベンガル地方のインド商人や中国商人、ミャンマー、タイ、マラッカ、ジャワ、モルッカなどからの商人も来ていたので[73]、真珠はこうした商人によっても、インド各地や中国、東南アジアの大陸部や島嶼《とうしょ》部にもたらされていた。

また、ゴアにはアラブ商人、ペルシア商人、アルメニア商人、ユダヤ商人などもいたので[74]、真珠はホルムズ経由でメソポタミアやペルシア、トルコやカフカス地方などに運ばれた。ヴェネツィア商人もゴアからホルムズ、メソポタミアへのルートを利用した。ホルムズでも真珠や宝石は買えたが、ゴアでは新世界の真珠やダイヤモンドなども購入でき、彼らがゴアに渡航する意味はあった。

ゴア起点の「ハブ・アンド・スポーク交易」

このように、ゴアを起点とする真珠の「ハブ・アンド・スポーク交易」はさまざまな商人によって担われていた。その流通形態はヨーロッパにいたる遠隔地交易もあれば、ゴアとホルムズ間、ゴアとカンベイ間のようなアジア域内交易もあり、東南アジアや中国にまでいたる交易もあった。真珠の流通は、まさに一筋の流通網が車輪のスポークのようにそれぞれの希求地と結びつくものであった（7章図1を参照）。世界各地から真珠を調達する「グローバル市場」ゴアは、中国などを含む世界各地に真珠を送り出し、アジア世界から富を引き出す流通網をもっていた。

＊　＊　＊　＊　＊

大航海時代、ポルトガル支配下のゴアは、ペルシア湾やマンナール湾の真珠だけでなく、南米カリブ海やパナマの真珠など、世界各地の真珠を調達する「グローバル市場」に成長した。ガレオン貿易以前に新世界とつながったアジアの真珠市場の成立は、史上初の出来事であり、新世界の真珠はアメリカ、ヨーロッパ、アフリカ、アジアという四大陸に接続する「グローバル商品」になった。ゴアが「グローバル市場」に発展したのは、スペインとポルトガルのヨーロッパ勢力が「南米カリブ海真珠生産圏」「ペルシア湾真珠生産圏」「マンナール湾真珠生産圏」の真珠産業や流通を支配し、それらが関連した結果であった。アジアには真珠に大枚を払う「伝統的希求者」が数多く存在するため、バロック真珠など、新世界の一級品の真珠もゴアにもたらされた。ポルトガル商人はそうした真珠でアジア相手に取引し、アジア世界から金、銀、ダイヤモンドなどを引き出した。

ゴアはポルトガルがアジア世界に作った世界最大級の真珠・宝石市場であり、バニヤン商人やヴェネツィア商人など、多くの商人がゴアに集まった。ゴア起点の真珠の「ハブ・アンド・スポーク交易」は世界に拡がっていた。ゴアは、ポルトガル海洋帝国の一つの大きな成果であった。

7章 三大真珠生産圏の比較とゴア市場
――一六世紀の真珠の生産、流通、希求、グローバル化――

本書は、南米カリブ海、ペルシア湾、マンナール湾というアコヤ真珠の「三大生産圏」と真珠の「グローバル市場」ゴアを対象とし、スペイン・ポルトガル勢力の対外進出の特徴や真珠産業へのかかわり、現地社会への影響などを論じてきた。ここでは個々の章で明らかになった真珠の生産、流通、希求、グローバル化について、その内容を比較しながらまとめてみよう。

1 真珠の生産から見えてくること

真珠の産地の支配はヨーロッパの対外進出の動機の一つ

真珠は古代ギリシア・ローマ時代から最上位に位置する宝石の一つで、アジア世界では、古来、金銀と交換されてきた。真珠の産地は、サステナビリティを維持できれば、汲《く》めども尽きぬ富の源泉だった。したがって真珠の獲得だけでなく、真珠の産地の支配も、大航海時代のヨーロッパの南米世界およびインド洋世界への進出や入植の大きな動機となった。

ただ真珠の産地支配の実態は、湾岸部のどこか一地点を見ているだけでは把握できない。まずどの海域が真珠のとれる海域であるかを理解し、さらに真珠の漁場、採取地、集散地の政治的・経済的つながりを把握し、「真珠生産圏」という広域の概念で見る必要がある。真珠採取業を成立させてきたのは、おもにアコヤ真珠のとれる海域なので、その海域の認識はとくに重要である。

本書はこうしたことを念頭にスペインとポルトガルの対外進出の特徴を明らかにしてきた。一六世紀のスペイン人はベネズエラとコロンビアの沿岸部や島嶼《とうしょ》部へ進出し、真珠採取業を営んだが、それはまさにアコヤ真珠のとれる「南米カリブ海真珠生産圏」を舞台にしたものであった。一方、ポルトガル勢力は、ペルシア湾の真珠集散地ホルムズと主要な採取地バハレーン島を掌握した。マンナール湾ではインド沿岸部を部分的に支配し、スリランカ側のマンナール島を領有し、マンナール湾をポルトガルの内海とした。どちらの行動も、ポルトガルによるアコヤ真珠のとれる海域の「真珠生産圏」支配であった。広域俯瞰《ふかん》で見ると、スペイン・ポルトガル勢力の対外進出には、「真珠生産圏」すなわちアコヤ真珠の産地の掌握が含まれていたことがわかるのである。

真珠採取業という水産業の実施

スペイン・ポルトガル勢力にとって「真珠生産圏」支配とは、真珠採取業という水産業が実施される場の支配であり、その水産業とどうかかわるかが課題となった。

「南米カリブ海真珠生産圏」では、スペイン人植民者が真珠採取業に乗り出した。それは個人事業者が営む、経済的に成功した水産業となった。潜水労働力の観点では、この地の真珠採取業は「先住民奴隷制水産業」として出発し、「先住民奴隷制・黒人奴隷制水産業」を経て「先住民強制労働制・黒人奴隷制水産業」へと変化した。

「マンナール湾真珠生産圏」では、ポルトガル植民地政府は海軍を派遣し、海軍は真珠漁場の確保とキリスト教徒の潜水夫擁護を担い、イエズス会はその潜水夫を管理するという「官・軍・宗教共同体制」で、潜水夫を使役して真珠の大規模採取を行った。ポルトガル勢力にとって真珠のとれる海域は、水産業実施のための排他的な海域でもあった。

一方、「ペルシア湾真珠生産圏」ではポルトガル人は真珠採取業の事業者にはならなかった。ここではアラブ系やペルシア系の商人や船主たちによって「債務隷属制真珠採取業」が形成されており、新規参入は難しかったのである。しかし、ポルトガル勢力はホルムズという真珠集散地を掌握することで、真珠を獲得するシステムを構築した。

一六世紀は重商主義の時代として知られているが、この時代のヨーロッパ人の経済活動の一つには海からの富の創出という真珠産業が存在したことがわかる。それは、南米カリブ海で見られたように「奴隷制水産業」である場合もあれば、マンナール湾で見られたように、国家、海軍、宗教と結びつくこともある水産業であった。大航海時代、海を舞台とし、海から水産資源を引き出す経済活動があったのである。

南米カリブ海の過酷な潜水労働とイエズス会の温情主義

真珠採取業は海の底で真珠貝を集める作業であり、潜水技術をもつ労働力が欠かせない。真珠採取業の発展は、潜水夫をどのように調達し、どのように扱うかによっており、現地社会への影響も大きかった。

「南米カリブ海真珠生産圏」に関しては、過酷な真珠採りの潜水作業にバハマ諸島の先住民が投入され、それが彼らを「絶滅」させたと、ラス・カサスが『インディアス史』の中で繰り返し主張している。実際は「絶滅」ではなく、「激減」だったと推測できるが、真珠採取業の隆盛がバハマ諸島を潜水労働力確保のための人間狩りの舞台とし、その社会を壊滅状態にしたことは否定できないだろう。

「マンナール湾真珠生産圏」では、ザビエルをはじめとするイエズス会勢力が、タミル系真珠採り潜水夫の社会集団を強固なカトリック集団として維持することに専念し、その活動はインドで抑圧されているほかの社会集団へは向かわなかった。イエズス会の宣教の手法は、愛情を注ぐことで信者に信仰心と忠誠心を植えつける温情主義で、これによってイエズス会は、宣教師たちに従順な潜水労働者を確保することに成功した。マンナール湾の真珠採取はそれまでヒンドゥー教徒やイスラーム教徒のタミル系潜水夫がほぼ独占的に行ってきたが、一六世紀になると、タミル系キリスト教徒の潜水夫が誕生し、宗教の混在がいっそう進むことになった。

イエズス会の温情主義を南米カリブ海の潜水夫の過酷な使役と比較すると、潜水夫の扱いは新旧世界で対照的なものになったことがわかる。マンナール湾の真珠採り潜水夫とカリブ海の真珠採り潜水夫がたどった運命は大きく異なったのである。

アフリカ大陸の西岸と東岸からの奴隷の輸入

一六世紀になると、アフリカ大陸は新旧世界の真珠採取業の潜水労働力の供給源となった。ギニア、アンゴラなどの西アフリカ出身の奴隷は「南米カリブ海真珠生産圏」に向かい、モザンビークなどの東アフリカ出身の奴隷は「ペルシア湾真珠生産圏」に輸送されたと考えられる。

西アフリカから南米カリブ海への奴隷の輸送はスペインやポルトガルの奴隷商たちが担った。すでに一六世紀初期に真珠採取業を媒介として西アフリカと南米を結ぶ大西洋奴隷貿易のネットワークが形成されていたのである。これまで大西洋奴隷貿易は砂糖プランテーションの発展の中で議論されてきたが、それより前に真珠採取業による大西洋奴隷貿易が存在したのである。

「ペルシア湾真珠生産圏」は、すでに九世紀にアフリカ人奴隷の輸入で東アフリカと結びついていたが、一六世紀になると、イスラーム商人のほかにポルトガル人奴隷商たちも関与するようになったと推測できる。一方、「マンナール湾真珠生産圏」の真珠採取は、宗教にかかわらずタミル系の人々がほとんど独占的に行っていたため、潜水労働力は「生産圏」内部で求められていた。

2 真珠の流通と希求から見えてくること

真珠を扱ったさまざまな商人たち

生産された真珠は採取地で保管されたり、集散地に集められたりした。「南米カリブ海真珠生産圏」では、当初はクバグア島で保管されたが、その後はリオデラアチャやマルガリータ島が採取地兼保管地となった。「ペルシア湾真珠生産圏」や「マンナール湾真珠生産圏」ではホルムズやトゥティコリンが集散地で、ゴアはそうした『生産圏』の「上位集散地」だった。

新世界ではスペイン商人やスペイン領アメリカの商人が真珠取引にかかわり、インド洋世界ではポルトガル商人が活躍した。彼らは新世界の真珠をアジアの「伝統的希求者」に売った商人でもあった。ヴェネツィア商人はセビリャから新世界の真珠を得る一方、スパイス交易で競合していたポルトガル傘下のホルムズやゴアにも進出して真珠を集めた。

「ペルシア湾真珠生産圏」ではアラブ系、ペルシア系、トルコ系の商人のほか、アルメニア商人やユダヤ商人が関与した。「マンナール湾真珠生産圏」ではチェッティ商人をはじめ、インド各地の商人がかかわった。バニヤン商人はポルトガルの登場を奇貨《きか》として、その傘下のゴアなどに進出し、真珠や宝石取引で急成長した商人だった。ゴアにはミャンマー、タイ、マラッカ、ジャワ、モルッカなどの東南アジアの商人や中国商人も進出した。

一方、西インドのイスラーム海上商人マーッピラはポルトガル支配に抵抗し続けた。タミル系イ

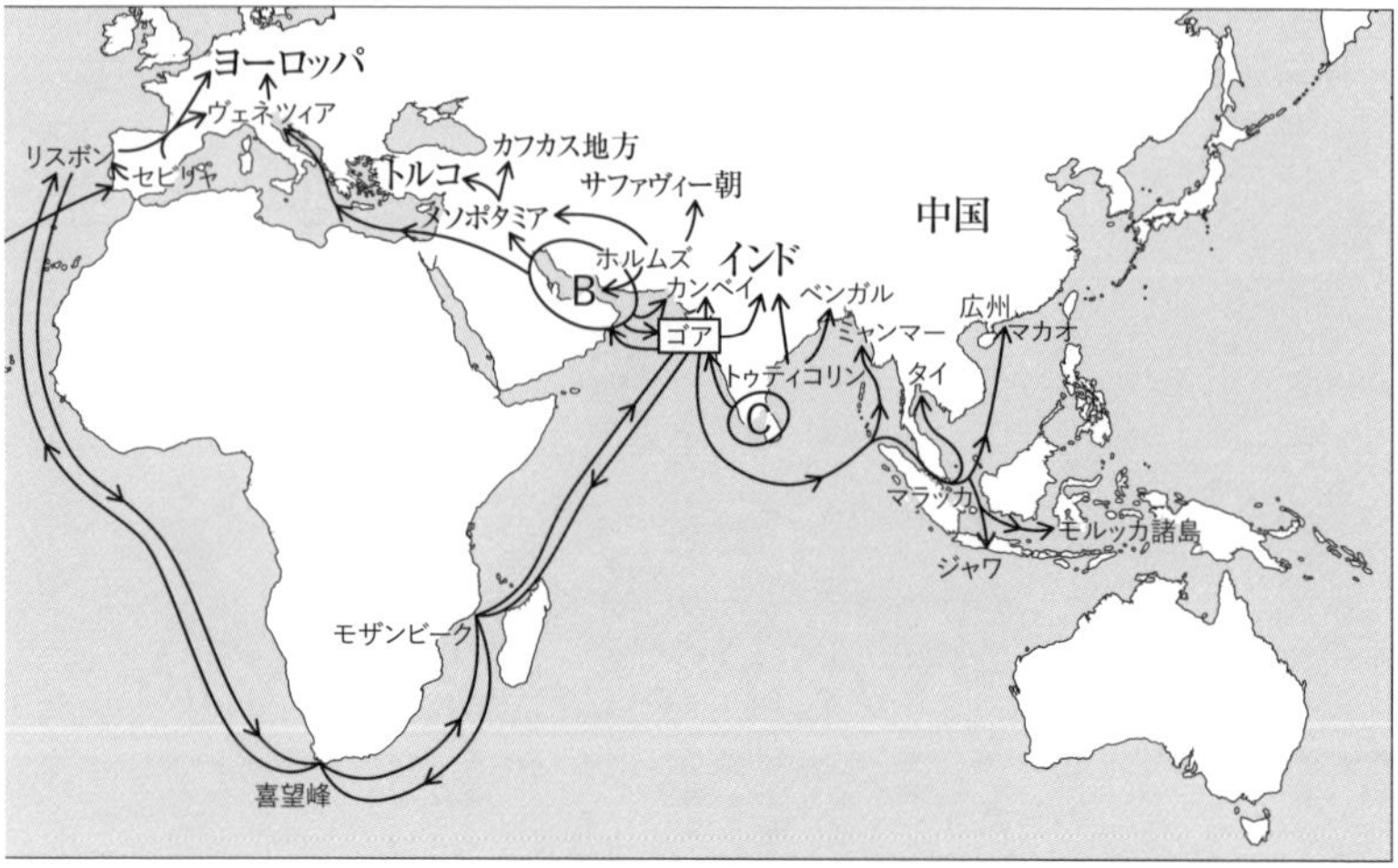

図1　16世紀の真珠の「ハブ・アンド・スポーク交易」

スラーム海上商人のマラッカーヤルやグジャラートのイスラーム海上商人などは、当初はポルトガルの進出に反発したが、その一部はポルトガル領の真珠集散地などに進出していったと推測できる。

真珠商であるには真珠を調達し、保有していることが大前提である。アジア各地の商人たちやヴェネツィア商人は、真珠の集散地を支配している国家とどう向き合うのかという政治的信条や宗教的信条と折り合いをつけて、ゴアやホルムズに進出していったのである。

一六世紀の真珠の「ハブ・アンド・スポーク交易」

「真珠生産圏」はそれぞれが独自の「ハブ・アンド・スポーク交易」を擁し、その「生産圏」だけで真珠の流通と希求を完結させていたのではなかった。一六世紀になるとゴアやヴェネツィアなど、真珠の「上位集散地」が登場し、こうした「上位

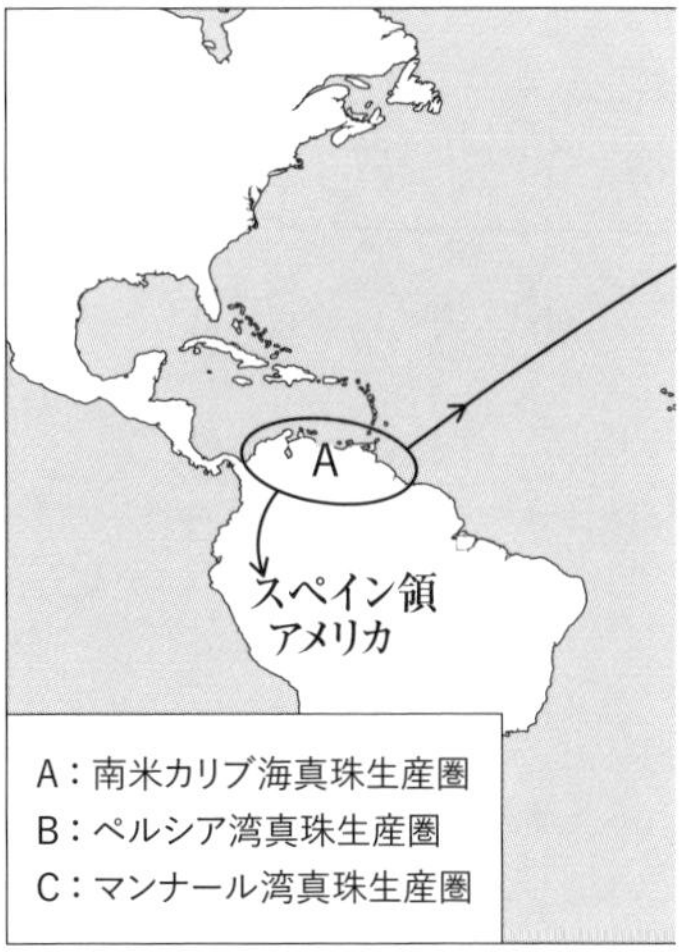

集散地」が三大「真珠生産圏」の集散地などと結びついて真珠を調達し、さらに真珠を諸地域に送り出すようになった。そうした真珠の「ハブ・アンド・スポーク交易」が図1である。真珠はゴアを経由して、東南アジアや中国にまでもたらされていた。真珠の流通はまさに「地域を越えていく《トランスリージョナル》交易」で「異文化間交易《クロスカルチュラル》」であった。

ゴアと「ペルシア湾真珠生産圏」の間では真珠は双方向に動いていたが、それはゴアが「上位集散地」としてこの「生産圏」の真珠を集めると同時に、ゴアの商人たちがホルムズやメソポタミア方面に真珠を送っていたからである。この複雑な動きこそが、真珠の流通を特質づけるものといえるだろう。ゴアとリスボン間も真珠は双方向で動いていた。「ペルシア湾真珠生産圏」や「マンナール湾真珠生産圏」の真珠はゴアからリスボンに送られていたが、「南米カリブ海真珠生産圏」の真珠やパナマの真珠がセビリャとリスボン経由でゴアに来た。これも一六世紀の興味深い特徴である。ヴェネツィアは新旧世界の真珠を集めるヨーロッパの「加工集散地」兼「上位集散地」であり、カンベイはゴアやホルムズと結びついた「加工集散地」であった。

商人がもたらす金銀地金

真珠を欲するアジア各地の商人は真珠や宝石などの購入費用として金貨や銀貨、金銀の地金《じがね》などを持参したため、ゴアやホルムズなどの真珠集散地には金銀が流入した。メソポタミアのバスラなどからは金貨や銀貨が流入し、ヴェネツィア人も高額の金貨をもち込んだ。ホルムズがイランから引き出したラリン銀貨も忘れてはならない。一六世紀のヨーロッパ人が得た銀は、新世界の銀や日本の銀だけではなかったのである。ポルトガル海洋帝国は真珠集散地を支配することで、真珠だけでなく、多額の金銀を獲得したのである。

3　真珠によるグローバル化と諸地域の関連

「グローバル商品」と「グローバル市場」の誕生

一六世紀半ば、新世界の真珠はアメリカ、ヨーロッパ、アフリカ、アジアという四大陸に接続する「グローバル商品」となった。目端《めはし》が利くポルトガル人やほかのヨーロッパ人が、ヨーロッパよりもアジアで真珠が高く売れることを理解し、量の多い南米カリブ海のアコヤ真珠や二級品のバロック真珠などをゴアにもたらすようになったのである。こうしてゴアはアメリカとも結びついた「グローバル市場」に発展した。

ゴアには中国やボルネオの真珠も運ばれていた。まさに多品種の真珠を集める市場であった。同じ範疇《はんちゅう》の商品を地球規模で集約するゴアの真珠市場の誕生は、モノの拡散とは異なるグローバルな経済発展の事例といえるだろう。ゴア発展の背景には、スペイン・ポルトガル勢力による「真珠生産圏」支配、真珠市場と宝石市場との相乗効果、真珠に大枚を払うアジアの「伝統的希求地」の存在、ポルトガル商人やバニヤン商人など、さまざまな商人の活動があった。

ホルムズもアジアやヨーロッパと結びつく真珠集散地であったが、各種真珠の調達能力や中国との交易においてはゴアに及ばなかった。ヴェネツィアも新旧世界の真珠を集める「上位集散地」であったが、流通と希求の担い手のほとんどがヨーロッパ人である「ヨーロッパ地域市場」の側面があった。セビリャとリスボンは、それぞれ新世界と東方世界の真珠の流入口であったが、ヴェネツィアほどの真珠の多様性をもたなかった。

一六世紀のゴアは「世界最大級」の真珠・宝石市場であったが、このように見ると、真珠に関しては当時「世界最大」の市場だったといえそうである。ゴアの新しさは、ポルトガルというヨーロッパ勢力がアジア世界に作った一都市が、ヨーロッパのためだけの真珠や宝石の調達地ではなく、アジア諸国家・諸地域に多種多様の真珠を供給する「グローバル市場」でもあったことである。アジアにおける真珠市場がアフリカの喜望峰を経てアメリカに接続したのは、ゴアが史上初だった。

諸地域を関連させる経済活動

一六世紀の真珠の商品連鎖の特徴は、真珠産業が生産、流通、希求の段階で諸地域を関連させる経済活動を形成したことである。実際、真珠採取業はその海域・地域のみでなされる局所的で自家消費的な水産業ではなかった。労働力や市場を外部に求め、諸地域とかかわる経済活動であった。南米カリブ海、ペルシア湾の真珠採取業は、奴隷貿易でアフリカ大陸の西岸と東岸と結びついていた。真珠の流通では「ハブ・アンド・スポーク交易」によって、「真珠生産圏」の枠を超えて、ヨーロッパから中国にまで拡がる真珠取引が行われていた。それぞれの「真珠生産圏」も「上位集散地」ゴアを通して互いに関連しあうようになった。

さらに一六世紀の大きな特徴は、アコヤ真珠の「生産圏」だけでなく、ほかの海産真珠貝の産地もこの時代の真珠の流通に組み入れられていったことである。トンキン湾のアコヤ真珠、パナマクロチョウ真珠、東南アジアのシロチョウ真珠などが、ゴアに集められ、ゴアからさらに諸地域と結びつくようになった。ただ、日本のアコヤ真珠は明確なかたちでは加わっておらず、シロチョウガイのとれるオーストラリア沖のアラフラ海なども、まだその流通網には入っていなかった。

こうして見ると、一六世紀の真珠産業は多くの真珠の産地を包括し、アメリカ、ヨーロッパ、アフリカ、アジアの諸大陸や諸地域を政治体制を超えて関連させたことがわかる。その関連性は、地球上の広範囲に影響を与えるというよりは、関係者だけがかかわる限定的なものであったが、真珠の生産、流通、希求へと続く商品連鎖の観点では世界システムと呼べる統合的なものであった。

4　一六世紀の真珠の意義

一六世紀のポルトガルの役割の再考

近年の歴史研究にはヨーロッパ中心主義の見直しという大きな潮流がある。こうした傾向を背景に、一六世紀のインド洋世界におけるポルトガルの役割は過小評価されてきた。ポルトガルの植民地体制は南アジアの商業に何一つ新しい要素をもたらさなかったというオランダの旧インドネシア政庁の役人だったJ・C・ファン・ルールによる言説は、ウォーラーステインやフランクなど、多くの研究者たちに引用され、支持されてきた。[1] フランクはファン・ルールのメッセージを追認し、「アジア交易は、繁栄と前進を続けていた事業であり、ヨーロッパ人は、付加的で比較的にマイナーな参加者としてしか、そこに入ることができなかった」(山下範久訳)と言いかえている。[2] ポルトガル史の研究者ピアスンも、ポルトガルは(アジアの)既存のパターンをかえず、商業ルートや生産にも大きな変化を与えなかったと主張している。[3]

しかし、真珠の商品連鎖の観点から見ていくと、はたしてそうだろうかという疑問が生じる。まず、生産面ではポルトガル海洋帝国はマンナール湾において「官・軍・宗教共同体制」を組織し、現地潜水夫を護衛して、真珠採取に関与した。つまりポルトガル勢力はアジアの海においてアジアでもヨーロッパでも売ることのできる商品の生産にかかわっていたのである。この事実はもっと認識されてもいいだろう。

流通面では、ポルトガル海洋帝国は、ホルムズやゴアという真珠集散地を支配することで真珠を得るシステムを構築し、さらに貢納や真珠取引で金銀地金も獲得した。ホルムズはイラン本土からラリン銀貨を引き出していたが、従来の歴史研究ではこのラリン銀貨も見過ごされてきた。

希求面では、ポルトガル商人は真珠という商品を扱い、インドや中国で商取引を実施した。インド人相手に質の悪いバロック真珠などを売り込んだことは、なかなか興味深い話である。もし本当に売るモノがなかったら、パナマクロチョウガイの円形真珠やドロップ型の真珠なども扱っただろう。そうした真珠はヨーロッパの王侯貴族に珍重されてヨーロッパにとどまっていた。ポルトガル商人は、ヨーロッパでは好まれない二級品の真珠で十分利益を出していたのである。

新規性の面では、ポルトガル海洋帝国はゴアという真珠の「グローバル市場」を作り上げた。それはヨーロッパ人がアジア世界に作った当時世界最大の真珠市場であり、アメリカ、ヨーロッパ、アフリカ、アジアの四大陸に接続する市場であった。真珠市場ゴアの成立は、ポルトガル海洋帝国の一つの大きな成果であった。

真珠はこれまで看過されてきたテーマであった。その真珠の観点からポルトガルの対外拡張を考察すると、アジアにおけるポルトガルの役割を過小評価する言説に再考を迫ることになる。

一六世紀の特殊性

最後に一六世紀という時代の特殊性について改めて考察しておこう。

本書の序章で述べたように、一六世紀は、ヨーロッパ勢力が地球上に五つしかないアコヤ真珠の大産地のうち、その三つを支配下においた時代であった。一七世紀になると、ペルシア湾のバハレーンやホルムズはポルトガル支配を脱し、イランのサファヴィー朝に属するようになった。ポルトガルによる「ペルシア湾真珠生産圏」支配はほぼ一〇〇年間で終了したのである。一九世紀になると、ベネズエラやコロンビアはスペイン帝国から独立し、スペインによる「南米カリブ海真珠生産圏」支配は終止符を打った。「マンナール湾真珠生産圏」だけが、ポルトガルからオランダ、イギリスへと支配者をかえながらも、二〇世紀初めまでヨーロッパ支配を受け続けた。つまり一六世紀とは、ヨーロッパ勢力がアコヤ真珠の「三大生産圏」を、すべてではないにせよ、政治的・経済的・軍事的に支配することで、富を引き出した唯一の時代だったのである。

オランダ東インド会社は一七世紀半ばにポルトガルからマンナール島やトゥティコリンなどを奪ったが、彼らに協力的なプロテスタントの潜水労働者を作ることには失敗し、真珠採取からはそれほど利益を得なかった。イギリス東インド会社はサファヴィー朝によるホルムズ奪回に協力したが、得た真珠は多くはなかった。オランダやイギリス勢力は、アジアで換金商品となる真珠を十分得ないままアジア交易に参加したのである。実際、アジア交易で大量のアメリカ銀を使用したのはむしろ一七世紀のオランダやイギリス勢力であった[4]。

イギリスはその後、インド産綿織物の輸入を増やしていくが、彼らが真珠も望んでいたことは、「東洋がその財宝をブリタニアに献上する」というイギリス東インド会社のロンドン本部の歳入委

図2　イギリス東インド会社本部の歳入委員会室の天井画「東洋がその財宝をブリタニアに献上する」(スピリドネ・ローマ作, 1778年, ブリティッシュ・ライブラリー蔵)

員会室の天井画(図2)が示しているといえるだろう。その絵ではインド人らしき女性が西洋の女神にまず真珠のネックレスを差し出している。

アジアの「伝統的希求者」たちから見れば、彼らが何千年、何百年にわたって称揚してきたもっとも豊かな二つの真珠の海域が、一六世紀になると、突如、ポルトガル勢力に奪われ、彼らの牛耳《ぎゅうじ》る海域となったのである。それゆえアジアの政治勢力や商人たちによる激しい抵抗や襲撃が起こる一方、真珠を欲するアジア諸地域の商人たちがゴアやホルムズに進出したことはすでに見てきたとおりである。一六世紀とは、アジア垂涎《すいぜん》の真珠の産地をヨーロッパ勢力が支配し、その生産や流通に関与した時代であった。ポルトガルは真珠の産地支配によってアジア世界に存在感を示したのである。

こうした特殊な一六世紀に花開いたのがヨーロッパの「真珠の時代」だった。終章ではこの「真珠の時代」を見てみることにしよう。

終章　ヨーロッパの「真珠の時代」
——真珠のドレスと真珠使用制限令——

アラビアとインドの真珠を高く評価したのは、古代ローマのプリニウスだったが、一六世紀になると、ポルトガル勢力はその憧れの真珠を手中にするようになった。さらに新世界の真珠も発見され、ヨーロッパには新旧世界の真珠が大量にもたらされるようになった。真珠はセビリャやリスボン、ヴェネツィアなどをハブとしてヨーロッパ各地へと運ばれ、王侯貴族たちに愛好された。彼らは真珠のジュエリーで身を飾り、真珠をちりばめたドレスを着て、大量の真珠を享受した。ヨーロッパに「真珠の時代」が到来した。

当時の人はその時代を記念するように、真珠で飾った肖像画を描かせた。一六世紀の肖像画の人物すべてが真珠ファッションで装《よそお》っているわけではないが、一部の肖像画は明らかに「真珠の時代」を体現している。そのいくつかを見ていこう。

さらに、本章ではこの真珠フィーバーを規制するような真珠使用制限令についても述べておこう。

真珠使用制限令は、その規制が奏功せず、むしろ真珠の熱狂が市民層にまで拡がって、なかなか収束しなかった「真珠の時代」を映し出すのである。

1 「真珠の時代」の肖像画

フェリペ二世の王女の肖像画

スペイン王フェリペ二世の王女で、のちにネーデルランド総督となったイサベル・クララ・エウ

図1　イサベル・クララ・エウヘニアの肖像画（1579年、プラド美術館蔵）

ヘニアには、真珠とダイヤモンドで飾った肖像画が残されている（口絵⑧・図1）。一五七九年の作品なので、彼女が一三歳くらいの時であり、スペイン帝国の王女が威厳をもって描かれている。頭飾りの球形真珠の多くはおそらく南米カリブ海のアコヤ真珠で、鉛色の真珠やドロップ型の真珠はパナマクロチョウ真珠だろう。直径七・六ミリ以上の真珠はクバグア島の時代からスペイン王室の独占であった。首元や腰回りの金製の飾りにはテーブルカットのダイヤモンドがはめ込まれている。この時代、ブリリアントカットはまだ発明されておらず、テーブルカットが一般的なカット法だった。当時、ダイヤモンドを調達する主要な市場はゴアだったので、これらのダイヤモンドはゴアのポルトガル人宝石商などが買いつけ、ヨーロッパに輸送したものだろう。新旧世界の二大宝石を使った大航海時代ならではの肖像画である。

ルドルフ二世の宝冠

ルドルフ二世は、一五七六年に即位した神聖ローマ帝国の皇帝である。父はマクシミリアン二世で、母はスペインのフェリペ二世の妹、母方の祖父はカルロス一世である。ルドルフ二世は行動が奇矯であったといわれているが、美術や文芸を愛好し、真珠や宝石のコレクターでもあった。その彼が真珠や宝石をあしらった豪華な私的宝冠を制作している（図2）。プラハの宮廷工房で作られたもので、冠の頂点にある大粒サファイアをはじめ、真珠約七〇〇個、ダイヤモンド二〇〇個以上、ルビー八〇個以上が使われているという[1]。

真珠の中にはヨーロッパのカワシンジュガイの淡水真珠なども混じっている可能性があるが、その多くはスペインのハプスブルク家などから入手した南米カリブ海のアコヤ真珠だろう。ダイヤモンドはおそらくインド産で、ルビーはセイロン島かミャンマー産だろう。大粒で色の濃いサファイアはミャンマー産の特徴なので、[2]宝冠の大粒サファイアは、ヴェネツィア人がミャンマーで得たものかもしれない。「真珠の時代」とは、真珠とアジアの宝石との共演の時代でもあったことがここでもわかる。今日まで残るオーストリア・ハプスブルク家の至宝は、その「真珠の時代」を伝えている。

図２　ルドルフ２世の宝冠(1602年、ホーフブルク宝物館蔵)

おそらくポルトガル王室にも、赴任者たちがゴアやホルムズからもち帰った多くの真珠や宝石、その宝飾品が集められていたはずである。しかし、「真珠の時代」を代表するようなポルトガルの宝については、筆者はいい事例を見つけることができなかった。リスボンは一七五五年に大地震に見舞われ、町は壊滅状態になった。この時の地震で大航海時代の貴重な公文書の多くが喪失したが、多くの宝飾品や肖像画なども同じ運命をたどったと考えられる。この時代の素晴らしいポルトガルの宝飾品を見てみたいものである。ただ私たちはヨーロッパのほかの国の肖像画で「真珠の時代」を見ることができる。

図3　カトリーヌ・ド・メディシスの肖像画
（1547～1559年、パラティーナ美術館蔵）

カトリーヌ・ド・メディシスの肖像画

その一つが、フランス王妃カトリーヌ・ド・メディシスの肖像画である（口絵⑨・図3）。彼女はイタリア・フィレンツェのメディチ家出身で、ヴァロア家のアンリ二世の妃となった。アンリ二世の死後は長子フランソワ二世、二男シャルル九世の摂政として政治の実権を握った。肖像画は王妃時代の一五四七年から一五五九年の間に制作された[3]。

カトリーヌは、真珠とダイヤモンドをちりばめた圧倒するような豪華なドレスを身にまとい、さらに真珠とダイヤモンドの頭飾りやネックレスなどをつけている。とくに目を引くのが胸元の十字架にはめ込まれた七つの巨大なテーブルカットのダイヤモンドとその周囲の七つの洋ナシ型の真珠だろう。

すでに一六世紀中葉に、巨大なダイヤモンドを含めて、多くのダイヤモンドがインドで購入され、ヨーロッパにもたらされていたのである。これだけの巨大なダイヤモンドはそう簡単には買えないため、一六世紀中葉のゴアのポルトガル商人はダイヤモンドに大枚を払える潤沢な資金をもっていたことがわかる。「真珠の時代」の肖像画は、宝石商としてのポルトガル人の活躍や真珠・宝石市場ゴアの重要性を想起させるのである。

話を肖像画に戻すと、カトリーヌがアンリ二世と結婚する際に、メディチ家出身の教皇クレメンス七世がきわめて美しい七個の真珠を彼女に贈ったといわれている。それらは胸元の十字架の周りの洋ナシ型の真珠か、首元のネックレスの真珠だろうと考えられている。[4]

カトリーヌは、息子のフランソワ二世がスコットランド女王メアリー・スチュアートと結婚した時にメアリーに真珠を贈与した。[5] フランソワ二世の死後、メアリーは女王としてスコットランドに戻るが、その後、廃位され、エリザベス一世のいるイングランドに逃亡した。その際、メアリーの真珠は質に入れられたり、売却されたりした。カトリーヌはイングランドにいるフランス大使に命じて真珠を取り戻そうとしたが、大使は、もはや購入は不可能です、というのはエリザベス女王が自分で決めた値段で真珠を購入し、所持しているからですという手紙をカトリーヌに送っている。[6] 一級品の真珠はその存在や来歴が語り継がれるものである。エリザベス一世が得たメアリーの真珠は、その後、イギリス王室の真珠コレクションとなったという。[7]

メディチ家の女性の肖像画

メディチ家のコジモ一世の侯女イザベッラ・デ・メディチは、彼女がブラッチャーノ公オルシーニと結婚した一五五八年ごろに肖像画を制作した[8](口絵⑩)。四つの真珠を花柄や直線状に配したデザインの黒地のドレスを着て、真珠のイヤリングやネックレス、ルビーなどの宝石のついた真珠のチェーンで飾っている。胸元のペンダントの大きな赤い宝石はルビーというよりもスピネルかもしれない。大粒のルビーはきわめて稀《まれ》だからである。[9] カトリーヌ・ド・メディシスのドレスほどの派手さはなく、ダイヤモンドも使用されていないと思われるが、質の高そうな真珠や宝石が品よく使われており、結婚前後の女性の華やいだ雰囲気が伝わってくる。

結婚から一八年後、イザベッラは、彼女とオルシーニの甥《おい》との裏切りが露見したことで、夫の手で殺されることになった。この殺害の二年前、彼女の父コジモ一世が亡くなっているので、反メディチ派に鞍替《くらが》えしたオルシーニの政治的野望による殺害の可能性もあるらしい。[10] 哀れな最期を遂げた女性が残した「真珠の時代」の肖像画である。

サー・ウォルター・ローリーの肖像画

男性も真珠の衣装に熱中した。エリザベス一世の寵臣《ちょうしん》サー・ウォルター・ローリーには真珠の衣装を着た一五八八年の肖像画が残っている（口絵⑪）。ドロップ型の真珠のイヤリングをつけ、細かい真珠が縫い込まれたマントをかけ、真珠のボタンがついた白地の上衣、水玉や直線、曲線を真珠で刺繍《ししゅう》した黒地のズボンをはいている。刺繍の真珠はおそらくアコヤ真珠だろう。

ローリーは、ベネズエラのオリノコ川上流にあるとされたギアナ帝国のエルドラド（黄金郷）を探すため、一五九五年にこの地に遠征した。しかし、エルドラドも黄金も発見できなかった。ローリーは彼の探険報告書では述べていないが、当時のスペイン語文書によると、オリノコ川からの帰路、マルガリータ島を数度にわたって攻撃した。しかし、防御が堅固で手が出せなかった。クマナも襲撃したが、七五人が死亡した。ただ、カラカスなどではかなりの略奪品を得たようである。[11] マルガリータ島、クマナは「南米カリブ海真珠生産圏」の名高い真珠の採取地だった。これらの地はスペイン領であったが、エリザベス一世の家臣にとっては、マルガリータ島やクマナの真珠を獲得し、あわよくばその地を征服して、女王の覚えをよくしたいという思いもあっただろう。

エリザベス一世の「ディッチリー肖像画」

エリザベス一世には、序章で見たフィレンツェ版の肖像画（口絵①）の白地の真珠のドレスと同じドレスを着た肖像画がさらに二枚残されている。その一枚が「ディッチリー肖像画」である（図4）。

図４　エリザベス１世の「ディッチリー肖像画」（1592年、ナショナル・ポートレート・ギャラリー蔵）

一五九二年制作で、女王が五九歳くらいの時である。フィレンツェ版よりは年相応に描かれたようである。

「ディッチリー肖像画」とフィレンツェ版では真珠や宝石の数やアレンジの仕方に違いがあり、別々の時期に描かれたと考えられている。研究者たちによると、「ディッチリー肖像画」の方がフィレンツェ版よりも先の制作になる。[12]

興味深いのは、エリザベス一世のような一国の最高権力者であっても、同じドレスを着回して何度も描かれていることだろう。街中を輿《こし》に乗って運ばれている彼女の姿を描いた絵画も残されているが、やはり同じ白地の真珠のドレスを着用している。[13] こうして見ると、エリザベス一世にとっても真珠のドレスは、次から次へとそう簡単に作れるものではなく、むしろ苦労の末に作り上げた渾《こん》身《しん》の一着だったようである。女王のドレスには模造真珠が使われていたことも明らかになっており、[14] ドレス用に多くの真珠を手に入れるのは並大抵のことではなかったようである。

おそらくヨーロッパの王侯貴族にとっても、多くの場合、真珠のドレスは一生に一着手に入るか入らない貴重なドレスだったのだろう。そのドレスを着た肖像画を残したいという強い願望があり、この時期、多くの肖像画が制作されたのかもしれない。

2　真珠使用制限令に見る真珠フィーバー

真珠のドレスは特権的なものであったが、ジュエリーとしての真珠の愛好は、一六世紀になると、従来の王侯貴族ばかりでなく、都市の上流階級やエリート層、富裕な市民階級にまで拡がっていた。そうした真珠フィーバーは、真珠や金銀の使用を制限する贅沢《ぜいたく》禁止令などから明らかになる。フランスでは、カトリーヌ・ド・メディシスの息子のシャルル九世やアンリ三世の治世の時期に厳しい贅沢禁止令が発布された。[15] 真珠の大集散地であったヴェネツィアでは、真珠に的をしぼった真珠使

命じている。

一五九九年七月八日付のヴェネツィアの真珠使用制限令は、「真珠の使用とその価格は行き過ぎた状態になっており、しかもそれが日々増大している。もし何らかの対処がなされなければ、公共および個人の福利厚生に損害と無秩序、顕著な不都合をもたらすことになる」と述べ[16]、次のように命じている。

高貴な生まれの女性、普通の市民の女性、あるいはほかの立場の女性であっても、あらゆる女性は、宮殿に暮らすドージェ（元首）夫人とその令嬢、義理の令嬢を除いて……結婚の初日から一五年が過ぎれば、首元から真珠のネックレスを外し、そのネックレスやほかの真珠ジュエリー、模造真珠を首元にも自分の体のいかなる場所にも着用も使用もしてはならない。[17]（違反すれば）この市や我が共和国のほかの市、ほかの場所でも二〇〇ドゥカートの罰金を免れることはできない。[18]

それから一〇年後、新たな真珠使用制限令が発布された（図5）。一六〇九年五月五日付の法令は「一五九九年に我が評議会《コンシリオ・ディ・プレガディ》は非常な賢明さをもって、既婚の女性が結婚時から一五年間に限り真珠を着用することを認めたが、望んだ目的が達成されていないことが明らかになった。しかも贅沢は増加して今日にいたっており、個人に甚大な損害を与え続けている」と述べ、罰則規定を強化した新たな真珠制限令を打ち出した。[19]

それによると、ドージェ夫人や令嬢を除く既婚女性の真珠の着用期間は一〇年と短くなり、違反者には引き続き二〇〇ドゥカートの罰金が課せられた。さらに、もし違反者の夫が貴族ならば、二五ドゥカートの負債が課せられ、その夫が市民ならば二〇〇ドゥカートの罰金と二五ドゥカートの負債のほか、ヴェネツィアから三年間追放された。以後、いかなる者もヴェネツィアに真珠を商品としてもち込むことが禁止された。違反者は捕らえられ、真珠は没収され、商人ならば、五年間、刑務所に収容されることになった。[20]

ヴェネツィアはヨーロッパにおける真珠の一大集散地であるが、なぜこのような制限令が出されたのだろうか。

第一の理由は、ヴェネツィア共和国のドージェ一家が、彼ら以外の貴族や市民への真珠の普及を阻止し、彼らの特権にしたい意図があったからだろう。ドージェ一家が例外扱いなのは、まさにそのことを示している。真珠の保有量は権威や身分の高さを示すものであり、支配者側の真珠への執着は衰えていなかったことがうかがえる。

図5　ヴェネツィアの真珠使用制限令
(G. F. Kunz and C. H. Stevenson, *The Book of the Pearl*)

第二の理由はやはり経済的なものだろう。ヴェネツィアのようなヨーロッパの先進的な地域では貴族や市民層も経済的に豊かであり、それゆえ妻や娘が熱狂する真珠にも大枚を払うことができた。しかし、彼らの中にはその費用が払えなくなって借金漬けとなり、債務不履行者や破産者になる者も少なくなかったのだろう。

ヴェネツィアはもともと真珠や宝石の集散地・加工地であり、宝飾品や贅沢品を輸出することで富を築いてきた都市国家である。真珠のネックレスが内需に向かい、外貨を稼ぐ輸出に回らないのはヴェネツィア経済から見て好ましいことではなかったのかもしれない。

ただ、ヴェネツィアの真珠使用制限令は、明らかに一六世紀の市民階級の真珠の熱狂を伝えている。ヨーロッパの多くの地域ではまだまだ真珠は高嶺《たかね》の花だったと思われるが、ヴェネツィアなどの一部の地域では市民層への拡がりがあった。真珠という宝石は、供給量が増えたからといって、人気に陰りが出て、人々の真珠への希求を減退させるものではなかった。むしろ真珠の供給量が増えれば増えるほど、裾野が拡がり、真珠への憧れは増幅し、その需要を大きくしていった。しかも、政治支配者までもが真珠の独占に意欲をもち続けていた。一六世紀の「真珠の時代」は、逆説的ながらヴェネツィアの真珠使用制限令にも見ることができるのである。

＊　＊　＊　＊　＊

一六世紀の大航海時代は、ヨーロッパが新旧世界の真珠を大量に享受した「真珠の時代」だった。私たちはその真珠フィーバーを、当時の肖像画や今日まで伝わる宝飾品に見ることができる。

序章でも述べたが、ウォーラーステインは、人々が求めた物品として貴金属とスパイスを考えており、アジアからリスボンへの最大の輸入品はコショウなどのスパイスだったと主張している。[21] ポルトガル史のピアスンも、一六世紀の世界貿易では南アメリカの銀がイベリアを経てアジアに流れ、その見返りのアジアの産物は圧倒的にスパイスであったと語っている。[22] ウォーラーステインはまた、「(スパイスや宝石などの)奢侈《しゃし》品の交易は、ヨーロッパの上流階級の意識ではいかに重要にみえたとしても、大西洋世界の発展といった壮大な事業の背景としては弱すぎるし、そこから『ヨーロッパ世界経済』の生成を説明するのも無理だと思われる」(川北稔訳)と述べている。[23]

こうした見解は歴史研究の主流となってきたが、一六世紀の肖像画に描かれた大量の真珠や大粒の宝石を見ていると、真珠や宝石に対するヨーロッパ人の執着はもっと重要視されるべきだと、私たちは感じるのではないだろうか。ポルトガル史研究者のウィニアスは、ポルトガル人は宝石取引をヨーロッパの対外拡張の多くのほかの事象のように、近代の大陸間事業に匹敵するものにした最初のヨーロッパ人であったと思われると述べているが、[24] まさにそのとおりだろう。私たちはさらに、肖像画の中の真珠や宝石がどこでどのように調達され、どのようなかたちでヨーロッパにもたらされ、現地で何が起こっていたのかももっと考えるべきだろう。

実際、一六世紀のスペイン人は、南米カリブ海で真珠採取業という水産業に従事して、海から富を創出するようになっていた。その事業は潜水労働力をカリブ海島嶼《とうしょ》部や南米大陸だけでなく、アフリカ大陸にまで求めていた。南米の真珠採取業はすでに一六世紀前半に大西洋奴隷貿易を形成していたのである。一方、インド洋世界に進出したポルトガル人は、「官・軍・宗教共同体制」でマンナール湾の真珠採取業に参入し、アジアの海でヨーロッパでもアジアでも垂涎《すいぜん》の商品の生産にかかわっていた。

ポルトガル人はホルムズやゴアといった真珠の大集散地を支配下におき、真珠や金銀、宝石も入手した。とくにゴアは、ヨーロッパ人が真珠やダイヤモンド、ルビーなどを調達する市場だけでなく、アジア諸地域の商人たちも真珠や宝石を購入するグローバルな市場であった。ポルトガル人は、アジア世界において世界最大級の真珠・宝石市場を作り上げたのである。

その一方で、過酷な潜水労働で死んでいったカリブ海や南米の先住民やアフリカ人奴隷、イエズス会の宣教によって強固な信仰心を維持してきたマンナール湾のタミル系キリスト教徒の潜水夫たちのことも忘れてはならないだろう。ヨーロッパ人による真珠採取業の成立や関与は、大きな社会的影響ももたらした。

このようにヨーロッパ人が享受した真珠のドレスやジュエリーの背後では、真珠をめぐるさまざまな歴史が展開していた。従来の歴史研究では真珠産業の発展や真珠の換金性といったテーマは見過ごされてきたが、一六世紀の真珠ファッションの肖像画や今日まで残る真珠の宝飾品は、この海の宝石が果たした歴史的意義をたしかに伝えているのである。

あとがき

私が真珠に関心をもつようになったきっかけの一つは、二〇〇〇年前後に南米ベネズエラに滞在し、その時に一六世紀のスペイン人聖職者ラス・カサスの『インディアス史』を読んだことだった。実はこの著名な書物には、ベネズエラの真珠狂騒の話が繰り返し書かれており、私は自分が暮らす土地が真珠によって歴史の舞台となったことに興味をもった。二〇〇八年に真珠の狂騒を含むベネズエラのギアナ高地の歴史『黄金郷《エルドラド》伝説』(中公新書)を出版し、二〇一三年には真珠の五千年にわたる歴史を紹介した『真珠の世界史』(中公新書)を上梓した。『真珠の世界史』を執筆して思ったのは、真珠は歴史学の多くの分野で見過ごされており、海域研究や海人研究などの民俗学の分野でもあまり取り上げられていないということだった。欧米社会では真珠史研究が増えてきているが、日本では歴史における真珠の重要性はまだ十分に認識されていないのではないだろうか。

真珠についてもっと書きたい、歴史研究に真珠を加えたいという思いから、私は真珠史で博士号を取ろうと考え、グローバルヒストリーで名高い大阪大学大学院教授秋田茂氏に相談した。個々の海域を扱う真珠史研究はグローバルヒストリーだと思ったからである。秋田先生は論文博士での取得をご助言下さった。二〇二〇年に『真珠と一六世紀ヨーロッパの対外拡張——真珠のコモディティ・チェーンからの考察』という博士論文を大阪大学に提出し、翌年、博士号(文学)を授与された。

真珠史による博士号はおそらく私が日本初だと思われる。本書は、多くの人に真珠の興味深い歴史を知ってもらいたいとの思いから、この博士論文を読みやすくし、一部加筆して、図版を増やしたものである。本書では一次文献の真珠記事の詳細な解釈や先行研究の紹介、問題点の指摘などは簡単な説明にとどめたり、捨象した場合もある。詳しい解釈を知りたい方は、博士論文をご覧いただきたい。

大航海時代の真珠をテーマにしたのは、『真珠の世界史』を書いた時から、この時代をきわめたいと思っていたからである。いまでも歴史の書物では大航海時代の原動力となったのは、黄金とスパイスであったと説明されるのが一般的である。一六世紀になると、ヨーロッパの肖像画では過剰ともいえる真珠ファッションの人物像が描かれるようになるが、なぜその真珠に目を向けないのだろう。読者の多くもこれまで肖像画の人物の豪華な真珠や宝石に驚き、感嘆することはあっても、それらがどこの産地で、誰が生産し、どう購入されたのかということには、それほど思いをめぐらさなかったかもしれない。実は真珠のドレスの背後には海から富を創出するヨーロッパ人の経済活動があった。本書をきっかけに、南米におけるスペイン人の水産業の発展や真珠採りの潜水作業で死んでいった先住民奴隷やアフリカ人奴隷、フランシスコ・ザビエルなどのイエズス会が囲い込んだインドの真珠採り潜水夫、真珠をアジアに売って金銀やダイヤモンドを得たポルトガル商人など、真珠をめぐるさまざまなドラマを知っていただければ、筆者として大変嬉しく思う。

本書およびその前身の博士論文の執筆では、多くの方から貴重なご助言とご支援をいただいた。

大阪大学大学院文学研究科(当時)の秋田茂教授、藤川隆男教授、桃木至朗教授(当時)、中谷惣准教授からは学術上の重要なご教示やご助言をいただき、博士論文の審査でもお世話になった。さらに安井倫子博士、北原靖明博士、栗原麻子教授、松井太教授をはじめ、さまざまな方からご教示をいただいた。安井博士は拙稿にずっと向き合って下さった。お世話になったすべての方にお礼と感謝を申し上げる。大阪大学西洋史学研究室の先生や社会人ゼミ生、ゼミ生との会話は知的刺激と好奇心に富み楽しかった。年月を経て大学の場に戻るのは、思った以上に心弾むものだった。テキサス大学アントニオ校のジョージ・ブライアン・スーザ氏およびロンドン大学東洋アフリカ研究学院名誉教授のウィリアム・G・クラレンス＝スミス氏からも多くのご支援を賜った。欧米で流行しつつある真珠史研究の最新の文献を入手できたのは、彼らの協力によるところが大きく、謝意を表したい。宝石学会(日本)は私に真珠に関する基調講演などを依頼下さり、それが『宝石学会誌』に天然アコヤ真珠の大きさと出現率についての論文を投稿する機会につながっていった。宝石学会(日本)会長の神田久生氏および査読者の方にお礼を申し上げたい。

本書の特徴の一つは、真珠の生産、流通、希求という商品連鎖分析において、「真珠生産圏」「ハブ・アンド・スポーク交易」「伝統的希求地」「加工集散地」といったオリジナルな概念やモデルを提唱したことである。また、アコヤ真珠貝とその海域の重要性の認識も本書の特徴である。そうした発想のきっかけとなったのは、真珠業界の関係者や元関係者、真珠・宝石関連の出版業の方々からの情報の提供、入手困難な過去の文献や貴重な真珠貝資料などの恵与、ご教示、会話などであった。拙著を熟読してくれた方からの執筆や講演依頼も真珠史を深める絶好の機会となった。真珠科学研究所元所長小松博氏、矢﨑純子氏、並木俊裕氏、有限会社P・J中村インターナショナル代表中村雄一氏、東京真珠株式会社代表取締役会長小山藤太氏、ミキモト真珠島・真珠博物館館長松月清郎氏、鹿児島市立ふるさと考古歴史館の中村友昭氏、『山梨研磨宝飾新聞』編集長朝日彰弘氏(当時)、『真珠新聞』編集長竹尾典晃氏、『ブランドジュエリー』編集長兼ウーマン・ジュエラーズ・ジャパン会長渡辺郁子氏、『ジュエリーコーディネーター』編集の熊倉英夫氏、宝石学会(日本)会員でジェモロジスト・ジュエラーの中嶋彩乃氏、千代田区立日比谷図書文化館の高津久美子氏、シエール代表近藤祐子氏、小山信雄氏、タイとフィリピンの南洋真珠養殖場で養殖技術を指導されてきた小山敏之氏、フィリピンの白蝶貝真珠養殖場の市村道明氏、元一木真珠代表で潜水夫研究者の一木一郎氏、佐藤宗達氏をはじめ、お世話になったすべての方々と機関にお礼と感謝の意を表したい。シャーロック・ホームズ研究で名高い故河村幹夫氏は早くから私に博士号取得を勧めてくれていた。彼に博士号取得を報告できなかったことは、大変残念なことであった。

横浜市立図書館司書の木村直之氏、小林佐規子氏、佐藤恵輔氏、浜田弓子氏をはじめとする図書館の方々は、所在不明の文献を探し出して下さるなど、文献の検索や貸与でいろいろご支援下さった。大阪大学附属図書館の方々にもお世話になった。謹んで謝意を表したい。一般に博士論文の出版は難しいといわれるが、その出版の機会を与えて下さった山川出版社に心よりお礼を申し上げる。私の執筆活動をいつも応援してくれる山田泰司、山田順三、笹野敏美にも改めて感謝を表したい。

《参考文献》

略字

CAA	*Cartas de Affonso de Albuquerque*
CDD	*Colección documental del descubrimiento (1470-1506)*
CDHM	*Colección de documentos para la historia de México*
CDIAO	*Colección de documentos inéditos de América y Oceanía*
CDIU	*Colección de documentos inéditos de ultramar*
DPM	*Documentos sobre os Portugueses em Moçambique e na África Central, 1497-1840*
EX	*Epistolae S. Francisci Xavierii*
LPC	*Livro das cidades, e fortalezas que a coroa de Portugal tem nas partes da Índia, e das capitanias, e mais cargos que nelas ha, e da importância delles*
Recopilacion	*Recopilacion de leyes de los reynos de las Indias*

欧文一次文献

Acosta, José de. *Historia natural y moral de las Indias*. Mexico City: Fondo de Cultura Económica, 1962.

Albuquerque, Afonso de. *Cartas de Affonso de Albuquerque*. 7 vols. 1884-1935. Nendeln: Kraus Reprint, 1976.

Athenaeus. *The Deipnosophists*, trans. Charles Burton Gulick. 7 vols. Cambridge, Mass.: Harvard University Press, 1957-1967.

Barbosa, Duarte. *Livro do que viu e ouviu no oriente*. Lisbon: Publicações Alfa, 1989.

——*The Book of Duarte Barbosa*, trans. the Royal Academy of Sciences at Lisbon and ed. Mansel Longworth Dames. 2 vols. 1918-1921. Nendeln: Kraus Reprint, 1967.

Barros, João de. *Da Asia de João de Barros, Decada segunda*. Lisbon, 1777.

Botelho, Simão. "O tombo do estado da Índia," in *Subsidios para a historia da Índia portugueza*, ed. Rodrigo José de Lima Felner. 1868. Nendeln: Kraus Reprint, 1976.

Colección de documentos inéditos de América y Oceanía, ed. Joaquín Francisco Pacheco et al. 42 vols. Madrid, 1864-1884.

Colección de documentos inéditos de ultramar, ed. Real Academia de la Historia. 25 vols. Madrid, 1885-1932.

Colección de documentos para la historia de México, ed. Joaquín García Icazbalceta.

2 vols. 1858-1866. Mexico City: Editorial Porrúa, 1971.

Colección documental del descubrimiento (1470-1506), ed. Juan Péres de Tudela et al. 3 vols. Madrid: Real Academia de la Historia, 1994.

Cordiner, James. *A Description of Ceylon.* 2 vols. London: Longman, 1807.

Documentos sobre os Portugueses em Moçambique e na África Central, 1497-1840, ed. National Archives of Rhodesia and Nyasaland, and Centro de Estudos Históricos Ultramarinos. 9 vols. Lisbon: National Archives of Rhodesia and Nyasaland, and Centro de Estudos Históricos Ultramarinos, 1962-1989.

Enciso, Martín Fernández de. *Summa de geografía.* Bogotá: Banco Popular, 1974.

Federici, Cesare [Fredericke, Caesar]. "The Voyage and Travell of M. Cæsar Fredericke, Merchant of Venice, into the East India, and beyond the Indies," in *The Principal Navigations, Voyages, Traffiques & Discoveries of the English Nation*, ed. Richard Hakluyt, vol. 5. 1903-1905. New York: AMS Press, 1965.

Felner, Rodrigo José de Lima, ed. "Lembranças das cousas da Índia em 1525," in *Subsidios para a historia da India portugueza.* 1868. Nendeln: Kraus Reprint, 1970.

Gómara, Francisco López de. *Historia general de las Indias.* 2 vols. Madrid: Espasa-Calpe, 1941.

Herrera y Tordesillas, Antonio de. *The General History of the Vast Continent and Islands of America*, trans. John Stevens. 6 vols. 1740. New York: AMS Press, 1973.

ibn Mājid, Aḥmad. *Arab Navigation in the Indian Ocean before the Coming of the Portuguese*, trans. G. R. Tibbetts. 1971. London: Royal Asiatic Society of Great Britain and Ireland, 1981.

Kautiliya. *The Kauṭilīya Arthaśāstra*, trans. R. P. Kangle, part 2. Bombay: University of Bombay, 1972.

Las Casas, Bartolomé de. *Obras Completas*, ed. Paulino Castañeda et al. 14 vols. Madrid: Alianza, 1988-1998.

——*Obras Completas 3-5: Historia de las Indias.* 3 vols.

——"Brevísima relación de la destrucción de las Indias," in *Obras Completas 10: Tratados de 1552.*

——"*Unos Avisos y reglas para los confesores que oyeren confesiones de los españoles,*" in *Obras Completas 10: Tratados de 1552.*

Linschoten, Jan Huygen van. *Itinerario: Voyage ofte schipvaert van Jan Huygen van Linschoten naer Oost ofte Portugaels Indien, 1579-1592*, ed. H. Kern. 3 vols. The Hague: Martinus Nijhoff, 1955-1957.

"Livro das cidades, e fortalezas que a coroa de Portugal tem nas partes da Índia, e das capitanias, e mais cargos que nelas ha, e da importância delles," ed. Francisco Paulo Mendes da Luz. *Stvdia*, vol. 6 (July, 1960).

Lovera, José Rafael, ed. *Antonio de Berrío: La obsesión por el Dorado: Estudio preliminar y selección documental*. Caracas: Petróleos de Venezuela, S. A., 1991.

Orta, Garcia da. *Colóquios dos simples e drogas da Índia*, ed. Conde de Ficalho. 2 vols. 1891. Lisbon: Imprensa Nacional-Casa da Moeda, 1987.

Oviedo y Valdés, Gonzalo Fernández de. *Historia general y natural de las Indias*, ed. Juan Pérez de Tudela Busco. 5 vols. Madrid: Ediciones Atlas, 1959.

Pinto, Fernão Mendes. *Peregrinação/ Fernão Mendes Pinto*. Lisbon: Imprensa Nacional-Casa da Moeda, 1988.

Pires, Tomé. *A suma oriental de Tomé Pires*. Coimbra: Universidade de Coimbra, 1978.

Pissurlencar, Panduronga S. S., ed. *Regimentos das fortalezas da India*. Bastorá: Rangel, 1951.

Plinius [Pliny]. *Natural History, with an English Translation*, trans. H. Rackham et al. 10 vols. Cambridge, Mass.: Harvard University Press, 1950–1963.

Pyrard, Francois. *The Voyage of Francois Pyrard of Laval*, trans. Albert Gray. 3 vols. 1888. New York: Cambridge University Press, 2010.

Recopilacion de leyes de los reynos de las Indias, tomo segundo (vol. 2). Madrid, 1791.

Ribeiro, João. *Fatalidade histórica da ilha de Ceilão*. Lisbon: Publicações Alfa, 1989.

Silva y Figueroa, García de. *The Commentaries of D. García de Silva y Figueroa on his Embassy to Shah 'Abbās I of Persia on behalf of Philip III, King of Spain*, trans. Jeffrey S. Turley. Leiden: Brill, 2017.

Tavernier, Jean-Baptiste. *Travels in India*, trans. V. Ball. 2 vols. Lahore: Al-Biruni, 1976.

Teixeira, Pedro. *The Travels of Pedro Teixeira*, trans. William F. Sinclair. 1902. Nendeln: Kraus Reprint, 1967.

The New Testament, Greek and English. London: Samuel Bagster and Sons, 1870.

Theophrastus. *Theophrastus on Stones*, trans. Earle R. Caley and John F. C. Richards. Columbus: The Ohio State University, 1956.

——*De Lapidibus*, trans. D. E. Eichholz. Oxford: The Clarendon Press, 1965.

Tīfāshī, Aḥmad ibn Yūsuf al-. *Arab Roots of Gemology: Ahmad ibn Yusuf al Tifaschi's Best Thoughts on the Best of Stones*, trans. Samar Najm Abul Huda. Lanham: Scarecrow Press, 1998.

Valentijn, François. *François Valentijn's Description of Ceylon*, trans. Sinnappah Arasaratnam. London: Hakluyt Society, 1978.
Valignano, Alessandro. "Sumario de las cosas que pertenecen a la India Oriental y al govierno de ella," in *Documenta Indica*, vol. 13. Rome: Institutum Historicum Societatis Iesu, 1975.
Varthema, Lodovico de. *The Travels of Ludovico di Varthema*, trans. John Winter Jones. London: Hakluyt Society, 1863.
Velho, Álvaro. *Roteiro da primeira viagem de Vasco da Gama (1497-1499)*, ed. A. Fontoura da Costa. Lisbon: Agência-Geral do Ultramar, 1969.
Vespucci, Amerigo. "Cartas de Americo Vespucio," in *Colección documental del descubrimiento (1470-1506)*, ed. Juan Péres de Tudela et al., vol. 3. Madrid: Real Academia de la Historia, 1994.
Xavier, Francisco [Xavierii, Francisci]. *Epistolae S. Francisci Xavierii*, ed. Georg Schurhammer and Josef Wicki. 2 vols. Rome: Monumenta Historica Societatis Iesu, 1944-1945.

漢籍

費信(馮承鈞校注)『星槎勝覧校注』北京、中華書局、1954年。

馬歓(馮承鈞校注)『瀛涯勝覧校注』北京、中華書局、1955年。

中嶋敏編『宋史食貨志譯註(6)』東洋文庫、2006年。

邦訳一次文献

アコスタ(増田義郎訳)『新大陸自然文化史』全２巻、岩波書店、1966年。

――(青木康征訳)『世界布教をめざして』岩波書店、1992年。

アッリアノス(大牟田章訳注)『アレクサンドロス東征記およびインド誌(本文篇)』、東海大学出版会、1996年。

アテナイオス(柳沼重剛訳)『食卓の賢人たち』全５巻、京都大学学術出版会、1997～2004年。

アルブケルケ(生田滋訳)「補注 アフォンソ・デ・アルブケルケの書簡ほか」ジョアン・デ・バロス『アジア史(１・２)』岩波書店、1980～1981年。

イブン・バットゥータ(イブン・ジュザイイ編・家島彦一訳注)『大旅行記』全８巻、平凡社、1996～2002年。

ヴァリニャーノ(高橋裕史訳)『東インド巡察記』平凡社、2005年。

ヴェスプッチ、アメリゴ(長南実訳)「アメリゴ・ヴェスプッチの書簡集」『航海の記録』岩波書店、1965年。

――(篠原愛人訳)「史料紹介　アメリゴ・ヴェスプッチの私信(その１～３)」『摂大

人文科学』第15～17号(2007～2009年)。

オビエード(染田秀藤・篠原愛人訳)『カリブ海植民者の眼差し』岩波書店、1994年。

カウティリヤ(上村勝彦訳)『実利論――古代インドの帝王学』全２巻、岩波書店、1984年。

クルス、ガスパール・ダ(日埜博司訳)『十六世紀華南事物誌』明石書店、1987年。

ゴマラ(清水憲男訳)『拡がりゆく視圏』岩波書店、1995年。

コロンブス(青木康征編訳)『完訳コロンブス航海誌』平凡社、1993年。

ザビエル、フランシスコ(河野純徳訳)『聖フランシスコ・ザビエル全書簡』平凡社、1985年。

重松伸司訳「補注『アームクタマールヤダ』の訳(抜粋)」ドミンゴス・パイス／フェルナン・ヌーネス『ムガル帝国誌・ヴィジャヤナガル王国誌』岩波書店、1984年。

蔀勇造訳註『エリュトラー海案内記』全２巻、平凡社、2016年。

シャルダン、ジャン(佐々木康之ほか訳)『ペルシア紀行』岩波書店、1993年。

――(岡田直次訳注)『ペルシア見聞記』平凡社、1997年。

高瀬弘一郎訳註『モンスーン文書と日本――17世紀ポルトガル公文書集』八木書店、2006年。

野々山ミナコ訳「ドン・ヴァスコ・ダ・ガマのインド航海記」『航海の記録』岩波書店、1965年。

パイス、ドミンゴス／フェルナン・ヌーネス(浜口乃二雄訳)「ヴィジャヤナガル王国誌」『ムガル帝国誌・ヴィジャヤナガル王国誌』岩波書店、1984年。

ハクルート、リチャード(越智武臣訳)「西方植民論」『イギリスの航海と植民(２)』岩波書店、1985年。

バーブル(ザヒールッ・ディーン・ムハンマド・バーブル)(間野英二訳注)『バーブル・ナーマ――バーブル・ナーマの研究３　訳注』松香堂、1998年。

バロス、ジョアン・デ(生田滋ほか訳)『アジア史』全２巻、岩波書店、1980~1981年。

ピレス、トメ(生田滋ほか訳注)『東方諸国記』岩波書店、1966年。

ピント、メンデス(岡田多希子訳)『東洋遍歴記』全３巻、平凡社、1979～1980年。

プリニウス(中野定雄ほか訳)『プリニウスの博物誌』全３巻、雄山閣出版、1986年。

フンボルト、アレクサンダー・フォン(大野英二郎・荒木善太訳)『新大陸赤道地方紀行』全３巻、岩波書店、2001～2003年。

ポーロ、マルコ／ルスティケッロ・ダ・ピーサ(高田英樹訳)『世界の記――「東方見聞録」対校訳』名古屋大学出版会、2013年。

メンドーサ、フアン・ゴンサーレス・デ(長南実・矢沢利彦訳)『シナ大王国誌』岩波書店、1965年。

モルガ(神吉敬三ほか訳)『フィリピン諸島誌』岩波書店、1966年。

ラス・カサス(染田秀藤訳)『インディアスの破壊についての簡潔な報告』岩波書店、

1976年。

——(長南実訳)『インディアス史』全5巻、岩波書店、1981〜1992年。

リンスホーテン(岩生成一ほか訳)『東方案内記』岩波書店、1968年。

ロドリーゲス、ジョアン(佐野泰彦ほか訳)『日本教会史』全2巻、岩波書店、1967〜1970年。

ローリ(平野敬一訳)「ギアナの発見」『イギリスの航海と植民2』岩波書店、1985年。

欧文研究文献

Abeyasinghe, Tikiri. *A Study of Portuguese Regimentos on Sri Lanka at the Goa Archives*. Colombo: The Department of National Archives, 1974.
——*Jaffna under the Portuguese*. 1986. Pannipitiya, Sri Lanka: Stamford Lake, 2005.
Allaire, Louis. "Archaeology of the Caribbean Region," in *The Cambridge History of the Native Peoples of the Americas*, ed. Frank Salomon and Stuart B. Schwart, vol. 3, part 1. New York: Cambridge University Press, 1999.
Anani, Ahmad al-. "The Portuguese in Bahrain and its Environs during the 16th and 17th Centuries," in *Bahrain through the Ages: The History*, ed. Abdullah bin Khalid al-Khalifa and Michael Rice. London: Kegan Paul International, 1993.
Arasaratnam, S. *Ceylon and the Dutch, 1600-1800: External Influences and Internal Change in Early Modern Sri Lanka*. Aldershot: Variorum, 1996.
Arnold, Janet. *Queen Elizabeth's Wardrobe Unlock'd*. Leeds: Maney, 1988.
Arunachalam, S. *The History of the Pearl Fishery of the Tamil Coast*. Annamalai Nagar: Annamalai University, 1952.
Aubin, Jean. "Titolo das remdas que remde a Ylha d'Oromuz," in *Mare Luso-Indicum*, vol. 2. Genève: Librairie Droz, 1973.
Belgrave, C. D. "The Portuguese in the Bahrain Islands, 1521-1602." *Journal of the Royal Central Asian Society*, vol. 22, no. 4 (1935).
Boyajian, James C. *Portuguese Trade in Asia under the Habsburgs, 1580-1640*. Baltimore: The Johns Hopkins University Press, 1993.
Busharb, Ahmed. "The Contribution of Portuguese Sources and Documents in Recording the History of Bahrain in the First Half of the Sixteenth Century," in *Bahrain through the Ages: The History*, ed. Abdullah bin Khalid al-Khalifa and Michael Rice. London: Kegan Paul International, 1993.
Carter, Robert. "The History and Prehistory of Pearling in the Persian Gulf." *Journal of the Economic and Social History of the Orient*, vol. 48, part 2 (2005).
——*Sea of Pearls: Seven Thousand Years of the Industry that Shaped the Gulf*. London: Arabian, 2012.

Cervigón, Fernando. *La Perla*. Pampatar: Fondo Editorial Fondene, 1997.

——*Las perlas en la historia de Venezuela*. Caracas: Fundación Museo del Mar, 1998.

Chang, T'ien-tsê. *Sino-Portuguese Trade from 1514 to 1644: A Synthesis of Portuguese and Chinese Sources*. Leiden: E. J. Brill, 1969.

Chaudhuri, K. N. "European Trade with India," in *The Cambridge Economic History of India*, ed. T. Raychaudhuri and Irfan Habib, vol. 1. Cambridge: Cambridge University Press, 1982.

Chitty, Simon Casie. "Remarks on the Origin and History of the Parawas." *The Journal of the Royal Asiatic Society of Great Britain and Ireland*, vol. 4, no. 1 (1837).

Clarence-Smith, William G. "The Pearl Commodity Chain, Early Nineteenth Century to the End of the Second World War: Trade, Processing, and Consumption," in *Pearls, People, and Power: Pearling and Indian Ocean Worlds*, ed. Pedro Machado et al. Athens: Ohio University Press, 2019.

Colless, B. C. "The Traders of the Pearl: The Mercantile and Missionary Activities of Persian and Armenian Christians in South East-Asia." *Abr-Nahrain*, vol. 9 (1969–1970); vol. 10 (1970–1971).

Commissariat, M. S. "A Brief History of the Gujarat Saltanat." *The Journal of the Bombay Branch of the Royal Asiatic Society*, vol. 25 (1917–1921). Nendeln: Kraus Reprint, 1969.

Dalgado, Sebastião Rodolfo. *Glossário Luso-Asiático*. 2 vols. 1919–1921. New Delhi: Asian Educational Services, 1988.

Das Gupta, Ashin. "Indian Merchants and the Trade in the Indian Ocean," in *The Cambridge Economic History of India*, ed. T. Raychaudhuri and Irfan Habib, vol. 1. Cambridge: Cambridge University Press, 1982.

Dawson, Kevin. "Enslaved Swimmers and Divers in the Atlantic World." *The Journal of American History*, vol. 92 (2006).

de Silva, C. R. "The Portuguese and Pearl Fishing off South India and Sri Lanka." *South Asia, new series*, vol. 1, no. 1 (March 1978).

de Silva, Chandra R., ed. *Portuguese Encounters with Sri Lanka and the Maldives: Translated Texts from the Age of the Discoveries*. Farnham: Ashgate, 2009.

de Silva, C. R., and S. Pathmanathan. "The Kingdom of Jaffna up to 1620," in *History of Sri Lanka: From c 1500 to c 1800*, ed. K. M. de Silva. Peradeniya, Sri Lanka: University of Peradeniya, 1995.

de Silva, G. P. S. H. *History of Coins and Currency in Sri Lanka*. Colombo: Central

Bank of Sri Lanka, 2000.
de Silva, K. M. *A History of Sri Lanka.* Delhi: Oxford University Press, 1981.
Diffie, Bailey W., and George D. Winius. *Foundations of the Portuguese Empire 1415–1580.* Minneapolis: University of Minnesota Press, 1977.
Disney, Anthony. "Smugglers and Smuggling in the Western Half of the Estado da India in the Late Sixteenth and Early Seventeenth Centuries." *Indica*, vol. 26 (1989).
Domínguez Compañy, Francisco. "Municipal Organization of the Rancherías of Pearls." *The Americas*, vol. 21, no. 1 (July 1964).
Domínguez-Torres, Mónica. "Pearl Fishing in the Caribbean: Early Images of Slavery and Forced Migration in the Americas," in *African Diaspora in the Cultures of Latin America, the Caribbean, and the United States*, ed. Persephone Braham. Newark: University of Delaware, 2015.
Donkin, R. A. *Beyond Price: Pearls and Pearl-Fishing: Origins to the Age of Discoveries.* Philadelphia: American Philosophical Society, 1998.
Ferguson, Donald. "The Bahrein Pearl Fisheries." *Journal of the Society of Arts* (March 1901).
Fernandes, Agnelo Paulo. "The Portuguese Cartazes System and the 'Magumbayas' on Pearl Fishing in the Gulf." *Liwa*, vol. 1, no. 1 (June 2009). https://www.na.ae/en/Images/LIWA01.pdf（2022年５月18日確認）
Floor, Willem. *The Persian Gulf: A Political and Economic History of Five Port Cities 1500–1730.* Washington, D.C.: Mage Publishers, 2006.
Floor, Willem, and Farhad Hakimzadeh. *The Hispano-Portuguese Empire and its Contacts with Safavid Persia, the Kingdom of Hormuz and Yarubid Oman from 1498–1720.* Lovanii: Peeters, 2007.
Galtsoff, Paul S. *The Pearl Fishery of Venezuela.* Washington D.C.: United States Department of the Interior, 1950.
Godinho, Vitorino Magalhães. *Les finances de L'état Portugais des Indes Orientales (1517–1635).* Paris: Fundação Calouste Gulbenkian, Centro Cultural Português, 1982.
Habib, Irfan. "Merchant Communities in Precolonial India," in *The Rise of Merchant Empires: Long-Distance Trade in the Early Modern World, 1350–1750*, ed. James D. Tracy. Cambridge: Cambridge University Press, 1990.
Herdman, W. A. *Report to the Government of Ceylon on the Pearl Oyster Fisheries of the Gulf of Manaar.* 5 vols. London: The Royal Society, 1903–1906.
Hopper, Matthew S. "Enslaved Africans and the Globalization of Arabian Gulf

Pearling," in *Pearls, People, and Power: Pearling and Indian Ocean Worlds*, ed. Pedro Machado et al. Athens: Ohio University Press, 2019.

Kaufmann, S. B. "A Christian Caste in Hindu Society: Religious Leadership and Social Conflict among the Paravas of Southern Tamilnadu." *Modern Asian Studies*, vol. 15, no. 2 (1981).

Kunz, George Frederick, and Charles Hugh Stevenson. *The Book of the Pearl: Its History, Art, Science, and Industry*. 1908. New York: Dover Publications, 2001.

Landman, Neil H., et al. *Pearls: A Natural History*. New York: Harry N. Abrams, 2001.

Lorimer, J. G. *Gazetteer of the Persian Gulf, 'Omān, and Central Arabia*. 6 vols. 1908–1915. Farnborough: Gregg International, 1970.

Machado, José Pedro. *Dicionário etimológico da língua portuguesa*. Lisbon: Livros Horizonte, 1977.

Machado, Pedro, et al., eds. *Pearls, People, and Power: Pearling and Indian Ocean Worlds*. Athens: Ohio University Press, 2019.

Mackenzie Jr., C. L., et al. "History of the Atlantic Pearl-Oyster, *Pinctata (sic) Imbricata*, Industry in Venezuela and Colombia, with Biological and Ecological Observations." *Marine Fisheries Review*, vol. 65, no. 1 (January 2003).
https://www.researchgate.net/publication/280015683（2022年５月18日確認）

Mahroof, M. M. M. "Pearls in Sri Lankan History." *South Asian Studies*, no. 8 (1992).

Monroy, Eduardo Barrera. "Los esclavos de las perlas: Voces y rostros indígenas en la Granjería de Perlas del Cabo de la Vela (1540–1570)." *Boletín cultural y bibliográfico*, vol. 39, no. 61 (2002).
https://publicaciones.banrepcultural.org/index.php/boletin_cultural/article/view/1098/1107（2022年５月18日確認）

Mosk, S. A. "Spanish Pearl-Fishing Operations on the Pearl Coast in the Sixteenth Century." *Hispanic American Historical Review*, vol. 18 (1938).

Muñoz, Manuel Luengo. "Noticias sobre la fundación de la ciudad de Nuestra Señora Santa María de los Remedios del Cabo de la Vela." *Anuario de Estudios Americanos*, vol. 6 (1949).

——"Inventos para acrecentar la obtención de perlas en America, durante el siglo XVI." *Anuario de Estudios Americanos*, vol. 9 (1952).

Natesan, S. "The Northern Kingdom," in *History of Ceylon*, ed. H. C. Ray, vol. 1, part 2. Colombo: Ceylon University Press, 1959.

Newitt, Malyn. *A History of Portuguese Overseas Expansion, 1400–1668*. London: Routledge, 2005.

Otte, Enrique. *Las perlas del Caribe: Nueva Cádiz de Cubagua.* Caracas: Fundación John Boulton, 1977.

Pearson, M. N. *The Portuguese in India.* Cambridge: Cambridge University Press, 1987.

Potts, D. T. *The Arabian Gulf in Antiquity.* 2 vols. Oxford: The Clarendon Press, 1990.

Rasanayagam, C. *Ancient Jaffna: Being a Research into the History of Jaffna from Very Early Times to the Portug[u]ese Period.* 1926. New Delhi: Asian Educational Services, 1984.

Roche, Patrick A. *Fishermen of the Coromandel: A Social Study of the Paravas of the Coromandel.* New Delhi: Manohar, 1984.

Romero, Aldemaro. "Death and Taxes: The Case of the Depletion of Pearl Oyster Beds in Sixteenth-Century Venezuela." *Conservation Biology*, vol. 17, no. 4 (August 2003).

Romero, Aldemaro, et al. "Cubagua's Pearl-Oyster Beds: The First Depletion of a Natural Resource Caused by Europeans in the American Continent." *Journal of Political Ecology*, vol. 6 (1999).

Sanz, Eufemio Lorenzo. *Comercio de España con América en la época de Felipe II: La navegación, los tesoros y las perlas*, vol. 2. Valladolid: Servicio de Publicaciones de la Diputación Provincial de Valladolid, 1980.

Schafer, Edward H. "The Pearl Fisheries of HO-P'U." *Journal of the American Oriental Society*, vol. 72, no. 4 (1952).

Schörle, Katia. "Pearls, Power, and Profit: Mercantile Networks and Economic Considerations of the Pearl Trade in the Roman Empire," in *Across the Ocean: Nine Essays on Indo-Mediterranean Trade*, ed. Federico de Romanis and Marco Maiuro. Leiden: Brill, 2015.

Schurhammer, Georg. *Francis Xavier: His Life, his Times*, trans. M. Joseph Costelloe. 4 vols. Rome: Jesuit Historical Institute, 1973–1982.

Serjeant, R. B. *The Portuguese off the South Arabian Coast.* Oxford: The Clarendon Press, 1963.

Sheriff, Abdul. "The Persian Gulf and the Swahili Coast," in *The Persian Gulf in History*, ed. Lawrence G. Potter. New York: Palgrave Macmillan, 2009.

Souza, George Bryan. *The Survival of Empire: Portuguese Trade and Society in China and the South China Sea 1630–1754.* Cambridge: Cambridge University Press, 1986.

Stephen, S. Jeyaseela. *Portuguese in the Tamil Coast.* Pondicherry: Navajothi, 1998.

Steuart, James. *An Account of the Pearl Fisheries of Ceylon.* Cotta: Church Mission

Press, 1843.

Streeter, Edwin William. *Pearls and Pearling Life*. London: George Bell & Sons, 1886.

Subrahmanyam, Sanjay. *The Portuguese Empire in Asia, 1500–1700: A Political and Economic History*. London: Longman, 1993.

——"Precious Metal Flows and Prices in Western and Southern Asia, 1500–1750," in *Money and the Market in India 1100–1700*, ed. Sanjay Subrahmanyam. Delhi: Oxford University Press, 1994.

——"Noble Harvest from the Sea: Managing the Pearl Fishery of Mannar, 1500–1925," in *Institutions and Economic Change in South Asia*, ed. Burton Stein and Sanjay Subrahmanyam. Delhi: Oxford University Press, 1996.

Teles e Cunha, João. "Hunting Riches: Goa's Gem Trade in the Early Modern Age," in *The Portuguese, Indian Ocean, and European Bridgeheads, 1500–1800*, ed. Pius Malekandathil and Jamal Mohammed. Tellicherry: Institute of MESHAR, 2001.

——"The Portuguese Presence in the Persian Gulf," in *The Persian Gulf in History*, ed. Lawrence G. Potter. New York: Palgrave Macmillan, 2009.

Thurston, Edgar. *Castes and Tribes of Southern India*. 7 vols. 1855–1935. Delhi: Cosmo Publications, 1975.

Topic, Steven C., et al., eds. *From Silver to Cocaine: Latin American Commodity Chains and the Building of the World Economy, 1500–2000*. Durham: Duke University Press, 2006.

Topic, Steven C., and Allen Wells. "Commodity Chains in a Global Economy," in *A World Connecting, 1870–1945*, ed. Emily S. Rosenberg. Cambridge, Mass.: The Belknap Press of Harvard University Press, 2012.

Vink, Markus P. M. "Between the Devil and the Deep Blue Sea: The Christian Paravas: A 'Client Community' in Seventeenth-Century Southeast India." *Itinerario*, vol. 26, no. 2 (July 2002).

——*Encounters on the Opposite Coast: The Dutch East India Company and the Nayaka State of Madurai in the Seventeenth Century*. Leiden: Brill, 2016.

Vosoughi, Mohammad Bagher. "The Kings of Hormuz: From the Beginning until the Arrival of the Portuguese," in *The Persian Gulf in History*, ed. Lawrence G. Potter. New York: Palgrave Macmillan, 2009.

Yadav, Gyanendra. *Encyclopaedia of Indian Castes, Races and Tribes*. 5 vols. New Delhi: Anmol Publications, 2009.

Yule, Henry, and A. C. Burnell. *Hobson-Jobson: A Glossary of Colloquial Anglo-Indian Words and Phrases*. 1886. London: John Murray, 1903.

Wada, Katsuhiko T., and Ilya Tëmkin. "Taxonomy and Phylogeny," in *The Pearl Oyster*, ed. Paul C. Southgate and John S. Lucas. Amsterdam: Elsevier, 2008.
Warsh, Molly A. "Enslaved Pearl Divers in the Sixteenth Century Caribbean." *Slavery and Abolition*, vol. 31, no. 3 (September 2010).
——"A Political Ecology in the Early Spanish Caribbean." *William and Mary Quarterly*, 3rd series, vol. 71 (2014).
——*American Baroque: Pearls and the Nature of Empire, 1492-1700*. Chapel Hill, University of North Carolina Press, 2018.
Wilson, Arnold T. *The Persian Gulf: An Historical Sketch from the Earliest Times to the Beginning of the Twentieth Century*. 1928. London: George Allen & Unwin, 1954.
Winius, George D. "Jewel Trading in Portuguese India in the XVI and XVII Centuries," in *Studies on Portuguese Asia, 1495-1689*. Aldershot: Ashgate, 2001.

邦文研究文献

青野和彦「ラス・カサスのベネズエラ植民計画の理念——２つの『覚書』における「共同体」(comunidad)の目標の検討を通して」『沖縄キリスト教短期大学紀要』第40号(2012年)。

秋田茂「グローバルヒストリーの挑戦と西洋史研究」『パブリックヒストリー』第５号(2008年)。

秋田茂編『アジアからみたグローバルヒストリー——「長期の18世紀」から「東アジアの経済的再興」へ』ミネルヴァ書房、2013年。

秋田茂・桃木至朗編『グローバルヒストリーと帝国』大阪大学出版会、2013年。

生田滋「大航海時代の東アジア」榎一雄編『西欧文明と東アジア』平凡社、1971年。

——「ポルトガルの初代インド副王ドン＝フランシスコ＝デ＝アルメイダの行動について」山本達郎博士古稀記念論叢編集委員会編『東南アジア・インドの社会と文化(上)』山川出版社、1980年。

——「インド洋貿易圏におけるポルトガルの活動とその影響」生田滋・岡倉登志編『ヨーロッパ世界の拡張——東西貿易から植民地支配へ』世界思想社、2001年。

池ノ上宏『アラビアの真珠採り』イケテック、1987年。

池本幸三ほか『近代世界と奴隷制——大西洋システムの中で』人文書院、1995年。

石原保徳「新しい世界史記述の誕生——16世紀・大西洋圏からのメッセージ」西川長夫ほか編『ラテンアメリカからの問いかけ』人文書院、2000年。

ウィリアムズ、E．(川北稔訳)『コロンブスからカストロまで——カリブ海域史、1492-1969』全２巻、岩波書店、2000年(原著1970年)。

ウォーラーステイン、Ｉ.（川北稔訳）『近代世界システム――農業資本主義と「ヨーロッパ世界経済」の成立(I)』、名古屋大学出版会、2013年(原著1974年)。

岡美穂子『商人と宣教師――南蛮貿易の世界』東京大学出版会、2010年。

小川博「中国史上の蜑――蜑(蛋)についての諸学説の沿革について(１～５)」『海事史研究』第12～17号(1969～1971年)。

奥谷喬司・和田克彦「アコヤガイの学名――現状と論評」『ちりぼたん(日本貝類学会研究連絡誌)』第40巻２号(2010年３月)。

鹿児島市教育委員会『草野貝塚』鹿児島市教育委員会、1988年。

カーティン、フィリップ D.（田村愛理ほか訳）『異文化間交易の世界史』ＮＴＴ出版、2002年(原著1984年)。

辛島昇「中世南インドの海港ペリヤパッティナム――島夷誌略の大八丹とイブン＝バトゥータのファッタン」『東方学』第75輯(1988年)。

辛島昇編『新版世界各国史 南アジア史』山川出版社、2004年。

――『世界歴史大系　南アジア史３　南インド』山川出版社、2007年。

関西学院大学キリスト教と文化研究センター『ミナト神戸の宗教とコミュニティー』神戸新聞総合出版センター、2013年。

岸野久『ザビエルと日本――キリシタン開教期の研究』吉川弘文館、1998年。

――『ザビエルと東アジア――パイオニアとしての任務と軌跡』吉川弘文館、2015年。

河野純徳『聖フランシスコ・ザビエル全生涯』平凡社、1988年。

国立科学博物館『「パール」展』図録、2005～2006年。

国立科学博物館ほか『特別展宝石――地球がうみだすキセキ』図録、2022年。

国立故宮博物院『文物光華――故宮の美(２)』国立故宮博物院。

小松博監修『真珠事典――真珠、その知られざる小宇宙』繊研新聞社、2015年。

齋藤晃「歴史、テクスト、ブリコラージュ――17・18世紀のイエズス会宣教師の記録を読む」森明子編『歴史叙述の現在――歴史学と人類学の対話』人文書院、2002年。

佐々木達夫「ペルシア湾と砂漠を結ぶ港町」歴史学研究会編『港町と海域世界』青木書店、2005年。

篠原愛人「アメリゴ・ヴェスプッチの公刊書簡に関する一考察」『摂大人文科学』第18号(2010年)。

白井祥平『真珠・真珠貝世界図鑑』海洋企画、1994年。

染田秀藤『ラス・カサス伝――新世界征服の審問者』岩波書店、1990年。

染田秀藤・篠原愛人監修・大阪外国語大学ラテンアメリカ史研究会『ラテンアメリカの歴史――史料から読み解く植民地時代』世界思想社、2005年。

ソラーノ、フランシスコ・デ(篠原愛人訳)「スペイン人コンキスタドール――その特徴」関哲行・立石博高編訳『大航海の時代――スペインと新大陸』、同文舘、

1998年。

高橋裕史『16世紀イエズス会インド管区の経済構造に関する研究』本人による報告書、2003年、2005年、2006年。

――『イエズス会の世界戦略』講談社、2006年。

千足伸行監修『栄光のハプスブルク家展』東武美術館、1992年。

テュヒレ、ヘルマンほか(上智大学中世思想研究所訳)『キリスト教史５――信仰分裂の時代』平凡社、1997年。

東京都庭園美術館『メディチ家の至宝』図録、2016年。

長島弘「ムガル帝国下のバニヤ商人――スーラト市の場合」『東洋史研究』第40巻４号(1982年)。

中村孝志「補注 ポルトガルと胡椒」リンスホーテン(岩生成一ほか訳)『東方案内記』岩波書店、1968年。

パイク、ルイス(立石博高訳)「一六世紀におけるセビーリャ貴族と新世界貿易」関哲行・立石博高編訳『大航海の時代――スペインと新大陸』同文舘、1998年。

羽田正編『グローバル・ヒストリーの可能性』山川出版社、2017年。

ハンケ、ルイス(染田秀藤訳)『スペインの新大陸征服』平凡社、1979年(原著1949年)。

ピアスン、M. N.(生田滋訳)『ポルトガルとインド――中世グジャラートの商人と支配者』岩波書店、1984年(原著1976年)。

ビビー、ジョフレー(矢島文夫・二見史郎訳)『未知の古代文明ディルムン――アラビア湾にエデンの園を求めて』平凡社、1975年(原著1969年)。

平山篤子『スペイン帝国と中華帝国の邂逅――16・17世紀のマニラ』法政大学出版会、2012年。

深見純生「三仏斉の再検討――マラッカ海峡古代史研究の視座転換」『東南アジア研究』第25巻２号(1987年９月)。

――「宋元代の海域東南アジア」桃木至朗編『海域アジア史研究入門』岩波書店、2008年。

フランク、アンドレ・グンダー(山下範久訳)『リオリエント――アジア時代のグローバル・エコノミー』藤原書店、2000年(原著1998年)。

フリン、デニス(秋田茂・西村雄志編)『グローバル化と銀』山川出版社、2010年。

ベルグレイヴ、チャールズ D.(二海志摩訳)『ペルシア湾の真珠――近代バーレーンの人と文化』雄山閣、2006年(原著1960年)。

保坂修司「真珠の海――石油以前のペルシア湾(１・２)」『イスラム科学研究』第４号(2008年)、第６号(2010年)。

正岡哲治・小林敬典「アコヤガイ属の系統および適応放散過程の推定――真珠貝はどこから来てどこへ行くのか」猿渡敏郎編『泳ぐDNA』東海大学出版会、2007年。

松月清郎『真珠の博物誌』研成社、2002年。

三重県水産試験場『三重縣水産試験場事業成蹟(１)』三重県水産試験場、1905年。

水島司『グローバル・ヒストリー入門』山川出版社、2010年。

メジャフェ、R.（清水透訳）『ラテンアメリカと奴隷制』岩波書店、1979年(原著1973年)。

桃木至朗編『海域アジア史研究入門』岩波書店、2008年。

諸田實『フッガー家の時代』有斐閣、1998年。

モンテロ、ギリェルモ・モロン(ラテン・アメリカ協会訳)『ベネズエラ史概説』ラテン・アメリカ協会、1993年。

家島彦一『海が創る文明――インド洋海域世界の歴史』朝日新聞社、1993年。

――『海域から見た歴史――インド洋と地中海を結ぶ交流史』名古屋大学出版会、2006年。

山田篤美『黄金郷《エルドラド》伝説――スペインとイギリスの探険帝国主義』中央公論新社、2008年。

――「新世界の真珠の歴史的考察――オリエントに代わる真珠の産地の発見と都市形成のメカニズム」『第３回全球都市全史研究会報告書』総合地球環境学研究所、2010年。

――『真珠の世界史――富と野望の五千年』中央公論新社、2013年。

――『真珠と16世紀ヨーロッパの対外拡張――真珠のコモディティ・チェーンからの考察』博士論文、2020年。

――「天然真珠の大きさと出現率についての考察――アコヤ真珠の場合」『宝石学会誌』第35号(2021年)。

李憓薫「マニラ・ガレオン貿易における中国人の登場とその役割――フィリピンにおける中国系メスティーソの生成を中心に」『三田商学研究』第58巻２号(2015年６月)。

リード、アンソニー(平野秀秋・田中優子訳)『大航海時代の東南アジア――1450-1680年』全２巻、法政大学出版局、1997～2002年(原著1988～1993年)。

和田浩爾『真珠の科学――真珠のできる仕組みと見分け方』真珠新聞社、1999年。

渡辺鴻『[図説] 神聖ローマ帝国の宝冠』八坂書房、2008年。

《註》

＊註における参考文献は筆者が参照した書物の出版年で記しているが、その列挙は初版の年代順としている。あるいは引用順の場合もある。

序章

1 Kunz and Stevenson, 2001, pp. 24-25.

2 和田、1999年、276〜278頁。

3 ゴマラ(清水訳)、1995年、260頁。

4 正岡・小林、2007年、2〜20頁。Wada and Tëmkin, 2008, pp. 37-54. 奥谷・和田、2010年、90〜92頁。インド洋種で使用されることもある *Pinctada vulgaris* の学名の使用は、日本貝類学会などは推奨していない(奥谷・和田、91〜92頁)。

5 Wada and Tëmkin, 2008, p. 66.

6 Topik et al., 2006. 水島、2010年、58〜60頁。秋田編、2013年、9頁。

7 ウィリアムズ(川北訳)、2000年(原著1970年)。ウォーラーステイン(川北訳)、2013年(原著1974年)。Chaudhuri, 1982; Das Gupta, 1982. カーティン(田村ほか訳)、2002年(原著1984年)。Pearson, 1987. リード(平野ほか訳)、1997年、2002年(原著1988年、1993年)。フランク(山下訳)、2000年(原著1998年)。

8 ウォーラーステイン(川北訳)、2013年、第1巻31頁。

9 ウォーラーステイン(川北訳)、2013年、第1巻32〜35頁。

10 Mosk, 1938, p. 392.

11 Otte, 1977; Donkin, 1998.

12 家島、1993年、155頁、2006年、250〜278・484〜486頁。深見、1987年、205〜232頁、2008年、31頁。佐々木、2005年、269〜296頁。保坂、2008年、1〜40頁、2010年、1〜31頁。

13 Carter, 2012; Warsh, 2018.

14 Machado et al., 2019.

15 山田、2021年、3〜13頁。

16 三重県水産試験場、1905年、33〜39頁。

17 真珠の重量と直径の換算については、Kunz and Stevenson, 2001, p. 328 を参照。

18 山田、2021年、9〜10頁。

19 Herdman, 1903, vol. 1, p. 4.

20 鹿児島市教育委員会編、1988年、286頁。草野貝塚の真珠はもともと球形真珠と半円真珠(貝付き真珠)で11個が出土していたが、その後の調査で13個の出土となった。

21 Kunz and Stevenson, 2001, p. 56.

22 白井、1994年、7頁。

23 Clarence-Smith, 2019, pp. 31-54. 農産物の商品連鎖については、Topik et al., 2006; Topik and Wells, 2012, pp. 593-812 を参照。

24 家島、2006年、1～30・74～106頁。

1章 古代ギリシア・ローマ人と東方の真珠

1 古代ペルシア・インド世界の真珠については、次を参照。Donkin, 1998, pp. 42-104; Schörle, 2015, pp. 43-54.

2 Donkin, 1998, p. 44.

3 ビビー(矢島・二見訳)、1975年、196～197頁。

4 ビビー(矢島・二見訳)、1975年、197頁。Donkin, 1998, pp. 49-50.

5 Donkin, 1998, p. 46.

6 Kunz and Stevenson, 2001, pp. 404-405.

7 Carter, 2012, pp. 91-107.

8 カウティリヤ(上村訳)、1984年、上巻130～131頁。Kautiliya (trans. Kangle), 1972, Part 2, p. 97.

9 Donkin, 1998, pp. 60-61.

10 Donkin, 1998, p. 57.

11 Donkin, 1998, pp. 51-52.

12 「マルガリティス」(*margaritis*)は *margaritēs* の別形。*margaritēs* については後述。

13 アテナイオス(柳沼訳)、1997年、第1巻322頁。Athenaeus (trans. Gulick), 1961, vol. 1, pp. 400-401.

14 Landman et al., 2001, p. 134; Kunz and Stevenson, 2001, p. 141.

15 アッリアノス(大牟田訳)、1996年、944～945頁。

16 Theophrastus (trans. Eichholz), 1965, pp. 70-71.

17 Theophrastus (trans. Caley and Richards), 1956, pp. 52-53.

18 Donkin, 1998, p. 52.

19 蔀訳、2016年、第2巻28・146頁。

20 カウティリヤ(上村訳)、1984年、上巻179～183頁。

21 アッリアノス(大牟田訳)、1996年、942～943頁。

22 Pliny (trans. Rackham), 1950-1963, vol. 3, pp. 234-235. プリニウス(中野ほか訳)、1986年、第1巻415頁。

23 Pliny (trans. Rackham), 1950-1963, vol. 3, pp. 234-235. プリニウス(中野ほか訳)、1986年、第1巻415頁。

24 Pliny (trans. Rackham), 1950-1963, vol. 4, pp. 62-63. プリニウス(中野ほか訳)、1986年、第2巻552～553頁。

25 Pliny (trans. Rackham), 1950-1963, vol. 3, pp. 234-235. プリニウス(中野ほか訳)、

1986年、第 1 巻415頁。

26 Pliny (trans. Rackham), 1950–1963, vol. 10, pp. 206–229. プリニウス(中野ほか訳)、1986年、第 3 巻1509〜1516頁。

27 Pliny (trans. Rackham), 1950–1963, vol. 10, pp. 210–211. プリニウス(中野ほか訳)、1986年、第 3 巻1510頁。

28 ラス・カサス(長南訳)、1992年、第 5 巻569頁。

29 Donkin, 1998, pp. 56–57.

30 *The New Testament, Greek and English*, 1870; Donkin, 1998, pp. 56, 91.

31 Colless, 1969–1970, p. 27.

32 Pliny (trans. Rackham), 1950–1963, vol. 3, pp. 242–245. プリニウス(中野ほか訳)、1986年、第 3 巻418頁。

33 Schörle, 2015, pp. 46–49.

34 Pliny (trans. Rackham), 1950–1963, vol. 3, pp. 238–239. プリニウス(中野ほか訳)、1986年、第 1 巻416頁。

35 Donkin, 1998, p. 258.

36 *Grande dicionário da língua portuguesa*, 10th and rev. ed. (1949), s. v. “pérola”; *Diccionario ideológico de la lengua española*, 2nd ed. (2007), s. v. “perla”; *The Oxford English Dictionary*, 2nd ed. (1989), s. v. “pearl”; *Dicionário etimológico da língua portuguesa*, 3rd ed. (1977), s. v. “pérola”; Donkin, 1998, pp. 258–259.

37 *Grande dicionário da língua portuguesa*, s. v. “aljôfar”; *Diccionario ideológico de la lengua española*, s. v. “aljófar.”

38 *Dicionário etimológico da língua portuguesa*, s. v. “aljôfar, aljofre”; *Encyclopaedia of Islam, Supplement*, new ed., s. v. “djawhar.”『岩波イスラーム辞典』、2002年、「真珠」「宝石」。

39 Tīfāshī (trans. Samar Najm Abul Huda), 1998, p. 84.

40 *A Portuguese-English Dictionary*, rev. ed. (1970), s. v. “aljôfres”; *The Oxford Spanish Dictionary*, 3rd ed. (2003), s. v. “aljófar.” *Oxford Portuguese Dictionary*, 1st ed. (2015) は *aljôfar* の項目なし。

41 *Grande dicionário da língua portuguesa*, s. v. “aljôfar”; *Diccionario ideológico de la lengua española*, s. v. “aljófar.”『現代ポルトガル語辞典(3 訂版)』(白水社)、2014年、「aljôfar」。『西和中辞典』(小学館)、1990年、「aljófar」。

42 「真珠母」という訳語は、ピレス(生田ほか訳)『東方諸国記』(1966年)やバロス(生田ほか訳)『アジア史』(1980〜1981年)などで使用されている。『東方諸国記』(63頁註24)を参照。ポルトガル語で *madrepérola*(真珠の母)は真珠貝や真珠層を指すので、*aljofar* を「真珠母」と訳すと、真珠貝と誤解されるおそれがある。日本の真珠養殖でも真珠を含む貝は「母貝」と呼ばれる。

43 Teixeira (trans. Sinclair), 1967, p. 179 (note 6).

44 Orta, 1987, vol. 2, p. 119.

45 薬用真珠と「アルジョーファル」の関係およびリンスホーテンの「アルジョーファル」の記載に関する筆者の解釈は、山田、2020年、38〜40頁を参照。

46 LPC, fol. 52 r.; Abeyasinghe, 2005, p. 7.

47 Valignano, 1975, vol. 8, p. 182.

2章 南米カリブ海とスペイン人の真珠採取業

1 "Capitulaciones, Abril 17 de 1492" in CDIAO, vol. 17, pp. 572-574.

2 南米カリブ海の真珠史研究については、次を参照。Mosk, 1938, pp. 392-400; Muñoz, 1949, pp. 755-797; Galtsoff, 1950; Muñoz, 1952, pp. 51-72; Domínguez Compañy, 1964, pp. 58-68; Otte, 1977; Sanz, 1980, pp. 11-51, 543-558; Cervigón, 1998: Donkin, 1998, pp. 292-346; Monroy, 2002, pp. 3-33; Warsh, 2010, pp. 345-362, 2014, pp. 517-548; Domínguez-Torres, 2015, pp. 73-82; Warsh, 2018.

3 Galtsoff, 1950, pp. 7-9; Mackenzie, Jr., et al., 2003, p. 2.

4 ラス・カサス(長南訳)、1987年、第3巻115頁。ゴマラ(清水訳)、1995年、182頁。

5 "Ley 18, Agosto 1540" in CDIU, vol. 22, p. 301. ゴマラ(清水訳)、1995年、157頁。

6 フンボルト(大野・荒木訳)、2001年、上巻164頁。

7 ラス・カサス(長南訳)、1983年、第2巻374〜375頁、1987年、第3巻158〜163頁。ゴマラ(清水訳)、1995年、157〜158・166・178頁。

8 Allaire, 1999, vol. 3, part 1, p. 696.

9 "Real Cédula, Mayo 3 de 1509" in CDIAO, vol. 31, pp. 428-429; Enciso, 1974, pp. 261-262. ラス・カサス(長南訳)、1983年、第2巻402〜407頁。

10 アコスタ(増田訳)、1966年、上巻324〜326頁。

11 "Cartas de Americo Vespucio" in CDD, vol. 3, p. 1932. 篠原、2007年、154頁。ゴマラ(清水訳)、1995年、160〜162頁。

12 コロンブス(青木訳)、1993年、380〜407頁。ラス・カサス(長南訳)、1987年、第3巻25・114〜123・156〜187頁。山田、2008年、78-80頁。

13 ラス・カサス(長南訳)、1987年、第3巻162〜163頁。

14 コロンブス(青木訳)、1993年、626〜643頁。

15 ヴェスプッチ(長南訳)、1965年、261〜338頁。

16 "Cartas de Americo Vespucio" in CDD, vol. 3, pp. 1920-1958. 篠原、2007年、137〜158頁、2008年、215〜235頁、2009年、129〜149頁。

17 「ドゥカド」(*ducado*)はスペインの金貨。原文はイタリアの金貨「ドゥカート」(*ducato*)となっているが、ヴェスプッチはスペインの船隊に加わり、スペインで暮らしていたので、この「ドゥカート」は「ドゥカド」と考えられる。

18 "Cartas de Americo Vespucio" in CDD, vol. 3, p. 1957. 篠原、2009年、143頁。
19 ラス・カサス(長南訳)、1983年、第 2 巻494頁。
20 1クエントは100万マラベディで、1ドゥカドは375マラベディである。
21 Otte, 1977, pp. 98-102; Donkin, 1998, p. 320.
22 ラス・カサス(長南訳)、1987年、第 3 巻159・169～171頁。
23 コロンブス(青木訳)、1993年、72・101頁。
24 ラス・カサス(長南訳)、1987年、第 3 巻169～174頁。
25 Otte, 1977, pp. 98-102; Donkin, 1998, p. 320.
26 染田・篠原監修、2005年、34～35頁。
27 Otte, 1977, pp. 102-108.
28 染田・篠原監修、2005年、103頁。
29 Oviedo, 1959, vol. 1, pp. 75, 167. オビエード(染田・篠原訳)、1994年、80・204頁。
30 Herrera y Tordesillas, 1973, vol. 1, pp. 333-334; Mosk, 1938, p. 394.
31 "Real Cédula, Mayo 3 de 1509" in CDIAO, vol. 31, p. 428.
32 "Provision, Diciembre 10 de 1512" in CDIU, vol. 9, pp. 3-4; Otte, 1977, p. 108.
33 "Ley 1, Diciembre 1512" in CDIU, vol. 22, p. 298.
34 Otte, 1977, p. 53.
35 Oviedo, 1959, vol. 2, p. 194.
36 Otte, 1977, pp. 253-259. モンテロ(ラテン・アメリカ協会訳)、1993年、26～29頁。
37 Domínguez Compañy, 1964, pp. 58-64.
38 Otte, 1977, pp. 338-362. モンテロ(ラテン・アメリカ協会訳)、1993年、26～28頁。Donkin, 1998, p. 321.
39 Oviedo, 1959, vol. 2, p. 188.
40 モンテロ(ラテン・アメリカ協会訳)、1993年、29～30頁。Muñoz, 1949, pp. 770-778.
41 "Ley 4, Marzo 1539" in CDIU, vol. 22, p. 298.
42 モンテロ(ラテン・アメリカ協会訳)、1993年、30・73～74頁。
43 Muñoz, 1949, p. 774.
44 モンテロ(ラテン・アメリカ協会訳)、1993年、30頁。
45 ハンケ(染田訳)、1979年、98～108頁。染田、1990年、91～107頁。青野、2012年、51～64頁。山田、2020年、63～68頁。
46 モンテロ(ラテン・アメリカ協会訳)、1993年、30～31・64～66頁。
47 "Ley 16, Octubre 30 de 1593" in *Recopilación*, 1791, vol. 2, p. 99.
48 "Ley 16, Diciembre 1533" in CDIU, vol. 22, pp. 300-301.
49 Domínguez Compañy, 1964, p. 62; Otte, 1977, pp. 46-50.
50 ラス・カサス(長南訳)、1992年、第 5 巻679頁。Oviedo, 1959, vol. 2, p. 205; Otte,

1977, pp. 49-51; Donkin, 1998, p. 320.

51 Otte, 1977, p. 45.

52 Oviedo, 1959, vol. 2, p. 188.

53 パイク(立石訳)、1998年、146〜147頁。

54 「ペソ」はスペイン領アメリカで使われた金貨で、1.2ドゥカドの価値があった。

55 "Ley 20, Julio 4 de 1609" in *Recopilación*, 1791, vol. 2, p. 100.

56 Romero et al., 1999, pp. 57-78; Romero, 2003, pp. 1013-1023; Mackenzie, Jr., et al., 2003, pp. 1-20.

57 ラス・カサス(長南訳)、1992年、第5巻448頁。Oviedo, 1959, vol. 1, p. 107. オビエード(染田・篠原訳)、1994年、115〜116頁。

58 ラス・カサス(長南訳)、1992年、第5巻448頁。

59 "Ley 21, Noviembre 1531" in CDIU, vol. 22, p. 301; Otte, 1977, p. 68 (note 243).

60 Dawson, 2006, p. 1327.

61 Otte, 1977, pp. 103-106, 113-116; Donkin, 1998, p. 321.

62 "Real Cedula, Abril 30 de 1508" in CDIAO, vol. 32, pp. 10-12.

63 ラス・カサス(長南訳)、1987年、第3巻654頁、1990年、第4巻454頁。

64 ラス・カサス(長南訳)、1992年、第5巻754〜755頁。

65 ラス・カサス(長南訳)、1992年、第5巻756〜757頁。

66 ラス・カサス(長南訳)、1983年、第2巻388頁。染田、1990年、105頁。

67 ラス・カサス(長南訳)、1987年、第3巻654〜655頁。

68 ラス・カサス(長南訳)、1990年、第4巻454〜455頁。

69 ラス・カサス(長南訳)、1992年、第5巻679頁。

70 Las Casas, 1988-1998, vol. 4, pp. 1474-1475, vol. 5, pp. 1917, 2451, 2492-2494. 山田、2020年、73〜75頁。

71 ラス・カサス(長南訳)、1981年、第1巻3〜40頁。とくに3〜4・20〜21頁。

72 Mosk, 1938, p. 395(note 16).

73 染田、1990年、323・354頁。石原、2000年、61頁。

74 石原、2000年、59・63頁。

75 ゴマラ(清水訳)、1995年、299頁。

76 Otte, 1977, p. 355.

77 Otte, 1977, pp. 49, 355.

78 "Leyes y ordenanzas nuevamente" in CDHM, vol. 2, pp. 204-227. 染田・篠原監修『ラテンアメリカの歴史』(2005年)には「インディアス新法」の抄訳(平田和重訳)が掲載されており、第23条は「先住民奴隷を即時解放する」となっているが(93頁)、正しくは「条件つきの解放」である。

79 "Leyes y ordenanzas nuevamente" in CDHM, vol. 2, p. 213.

80 “Ley 31, Junio 2 de1585, 1601” in *Recopilación*, 1791, vol. 2, p. 102.
81 Mosk, 1938, p. 399; Donkin, 1998, p. 322; Warsh, 2018, p. 84.
82 Dawson, 2006, pp. 1333, 1338, 1348-1350.
83 メジャフェ(清水訳)、1979年、58〜67頁。池本ほか、1995年、101〜105頁。
84 “Ley 10, Abril 1567” in CDIU, vol. 22, pp. 299-300.
85 モンテロ(ラテン・アメリカ協会訳)、1993年、45頁。
86 Herrera y Tordesillas, 1973, vol. 6, p. 89; Donkin, 1998, pp. 328-329. メジャフェ(清水訳)、1979年、61頁。Otte, 1977, p. 49; Warsh, 2018, pp. 84-85, 91.
87 モンテロ(ラテン・アメリカ協会訳)、1993年、45頁。Mosk, 1938, p. 400.
88 “De la pesquería, y envio de perlas, y piedras de estimación” in *Recopilación*, 1791, vol. 2, pp. 96-106.
89 “De las perlas y piedras preciosas” in CDIU, vol. 22, pp. 298-307.
90 CDIU, vol. 22, pp. 301-302, 306.
91 CDIU, vol. 22, pp. 303-304.
92 CDIU, vol. 22, pp. 304-306.
93 Otte, 1977, pp. 53-54. 399-402.
94 Otte, 1977, pp. 36-38, 399-402.
95 Otte, 1977, pp. 399-402.
96 Otte, 1977, pp. 38-41.
97 Otte, 1977, p. 39.
98 Sanz, 1980, vol. 2, p. 22.
99 Otte, 1977, p. 68 (note 243).
100 “Ley 21, Noviembre 1531” in CDIU, vol. 22, p. 301.
101 Sanz, 1980, vol. 2, p. 27.
102 Sanz, 1980, vol. 2, pp. 48, 549-550.
103 Sanz, 1980, vol. 2, p. 21.
104 Sanz, 1980, vol. 2, pp. 557-558.
105 Sanz, 1980, vol. 2, pp. 42, 543.
106 リンスホーテン(岩生ほか訳)、1968年、704〜705頁。
107 Donkin, 1998, pp. 328-329.
108 ハクルート(越智訳)、1985年、98・103頁。
109 “Ley 48, Mayo 20 de 1629” in *Recopilación*, 1791, vol. 2, p. 106.
110 Sanz, 1980, vol. 2, p. 23; Donkin, 1998, p. 327.
111 Sanz, 1980, vol. 2, pp. 24, 48-49, 543-558.
112 Otte, 1977, pp. 68-80; Sanz, 1980, vol. 2, pp. 45-46; Donkin, 1998, p. 327. 諸田、1998年、183〜184頁。

113 Otte, 1977, pp. 78-79; Donkin, 1998, p. 138.

114 メジャフェ（清水訳）、1979年、47頁。

115 ソラーノ（篠原訳）、1998年、260～263頁。

116 Las Casas, 1988-1998, vol. 10, pp. 367-388. 染田、1990年、234～237頁。ソラーノ（篠原訳）、1998年、261～262頁。

3章　ペルシア湾へのポルトガル勢力の進出

1 Velho, 1969, p. 7.

2 Fernandes, 2009, pp. 12-24; Carter, 2012, pp. 61-89. 両者の研究とも、ペルシア湾の真珠採取とマンナール湾の真珠採取の混同が見られる。

3 生田、1980年、94頁。22隻という数字もある。

4 DPM, vol. 1, pp. 156-261. 生田、1980年、86～94頁。

5 DPM, vol. 1, pp. 190-193.

6 DPM, vol. 1, pp. 248-251.

7 DPM, vol. 1, pp. 220-225.

8 DPM, vol. 2, pp. 470-479.

9 DPM, vol. 2, pp. 464-469.

10 生田、1971年、127頁。

11 ヴァリニャーノ（高橋訳）、2005年、210頁（註11）。

12 中村、1968年、757頁。

13 Lorimer, 1970, vol. 3, pp. 2262-2280.

14 ペルシア湾の真珠採取については、次を参照。Varthema (trans. Jones), 1863, p. 95; Lorimer, 1970, vol. 3, pp. 2220-2293. ベルグレイヴ（二海訳）、2006年、56～71頁。池ノ上、1987年、45～107頁。保坂、2010年、1～31頁。Fernandes, 2009, p. 13. 山田、2013年、114～118頁。

15 ibn Mājid (trans. Tibbetts), 1971, pp. 213, 222.

16 シャルダン（佐々木ほか訳）、1993年、511頁。

17 Ferguson, 1901, pp. 314-315; Lorimer, 1970, vol. 3, p. 2228. 保坂、2010年、８頁。

18 ベルグレイヴ（二海訳）、2006年、58頁。保坂、2010年、11頁。

19 Donkin, 1998, p. 127.

20 イブン・バットゥータ（家島訳）、1998年、第３巻189頁。

21 ベルグレイヴ（二海訳）、2006年、65～69頁。

22 Otte, 1977, p. 361.

23 Barbosa, 1989, p. 24.

24 Varthema (trans. Jones), 1863, p. 86; Lorimer, 1970, vol. 3, p. 2228. 家島、1993年、171頁。Sheriff, 2009, pp. 182-183; Hopper, 2019, pp. 263-280.

25 リンスホーテン(岩生ほか訳)、1968年、374〜375頁。

26 Donkin, 1998, pp. 124-125; Carter, 2005, p. 146; Carter, 2012, pp. 67-68.

27 Potts, 1990, vol. 1, pp. 207-208; Donkin, 1998, pp. 45-46.

28 Pliny (trans. Rackham), 1950-1963, vol. 2, pp. 448-451. プリニウス(中野ほか訳)、1986年、第1巻278頁。

29 Pires, 1978, p. 149. ピレス(生田ほか訳)、1966年、72頁。

30 *Encyclopaedia of Islam*, new ed., s. vv. "al-Qaṭīf," "Djabrids"; Donkin, 1998, pp. 124, 129; Carter, 2005, p. 146.

31 Donkin, 1998, pp. 126-127. 佐々木、2005年、269〜296頁。Carter, 2005, p. 146; Carter, 2012, pp. 67-68.

32 Barbosa, 1989, p. 22.

33 ホルムズについては、次の文献を参照。*Encyclopaedia of Islam*, new ed., s. v. "Hurmuz"; Floor, 2006, pp. 89-235; Vosoughi, 2009, pp. 89-104; Teles e Cunha, 2009, pp. 207-234.

34 Barbosa, 1989, p. 27; Pires, 1978, p. 149. ピレス(生田ほか訳)、1966年、72頁。

35 バロス(生田ほか訳)、1980年、第1巻115頁。

36 *Encyclopaedia of Islam*, new ed., s. v. "al-Baṣra,"; Floor, 2006, pp. 139-190.

37 Donkin, 1998, p. 135.

38 Anani, 1993, p. 56.

39 Carter, 2012, pp. 91-107.

40 Barros, 1777, p. 143. バロス(生田ほか訳)、1980年、第1巻143頁。

41 リンスホーテン(岩生ほか訳)、1968年、134・549頁。

42 Barbosa, 1989, p. 46.

43 Pires, 1978, p. 375. ピレス(生田ほか訳)、1966年、252〜253頁。

44 Commissariat, 1969, pp. 82-133, 246-321; *Encyclopaedia of Islam*, new ed., s. v. "Gudjarāt". ピアスン(生田訳)、1984年、96〜148頁。

45 Pires, 1978, pp. 149, 199, 201. ピレス(生田ほか訳)、1966年、72・114・116頁。

46 バロス(生田ほか訳)、1980年、第1巻126〜129頁。

47 バロス(生田ほか訳)、1980年、第1巻145〜148頁。

48 Floor, 2006, pp. 104-108.

49 Belgrave, 1935, pp. 620-621; Floor, 2006, pp. 108-112.

50 Varthema (trans. Jones), 1863, p. 93 (note 1).

51 *Encyclopaedia of Islam*, new ed., s. vv. "al-Qaṭīf," "Djabrids."

52 *Encyclopaedia of Islam*, new ed., s. v. "al-Qaṭīf."

53 "Carta de Albuquerque (November 27, 1514)" in CAA, vol. 1, pp. 345-349. 生田訳「補注7」バロス、1981年、第2巻459〜461頁。Floor and Hakimzadeh, 2009, p. xi.

54 バロス(生田ほか訳)、1980年、第1巻150〜151頁。

55 Serjeant, 1963, p. 44.

56 Barros, 1777, p. 253. バロス(生田ほか訳)、1980年、第1巻238頁。

57 "Carta de Albuquerque (October 20, 1514)" in CAA, vol. 1, p. 264.

58 "Carta de Albuquerque (September 22, 1515)" in CAA, vol. 1, pp. 373-374. 生田訳「補注9」バロス、1981年、第2巻482頁。

59 *Encyclopaedia of Islam*, new ed., s. vv. "Maṣawwaʿ," "Dahlak," "Qamarān"; Varthema (trans. Jones), 1863, p. 57 (note 1).

60 "Carta de Albuquerque (December 4, 1513)" in CAA, vol. 1, p. 224.

61 "Carta de Albuquerque (December 4, 1513)" in CAA, vol. 1, p. 224.

62 バロス(生田ほか訳)、1981年、第2巻242頁。

63 "Carta de Albuquerque (October 20, 1514)" in CAA, vol. 1, pp. 281-283. 生田訳「補注6」バロス、1981年、第2巻456〜458頁。

64 "Carta de Albuquerque (September 22, 1515)" in CAA, vol. 1, p. 378. 生田訳「補注9」バロス、1981年、第2巻487頁。

65 *Encyclopaedia of Islam*, new ed., s. v. "Qamarān."

66 Orta, 1987, vol. 2, p. 119. リンスホーテン(岩生ほか訳)、1968年、539頁。

67 バロス(生田ほか訳)、1981年、第2巻412頁。Aubin, 1973, p. 218; Floor, 2006, pp. 73-74.

68 バロス(生田ほか訳)、1980年、第1巻145・151頁。Botelho, 1976, pp. 79-84; Floor, 2006, p. 74.「シェラフィン金貨」については、次を参照。de Silva, G. P. S. H., 2000, p. 80. 1シェラフィンは300レイス。「レイス」(*réis*)は、ポルトガルの貨幣単位「レアル」(*real*)の複数形。

69 Belgrave, 1935, p. 621; Wilson, 1954, p. 123.

70 Botelho, 1976, p. 82; Godinho, 1982, pp. 45-46; Subrahmanyam, 1993, p. 93; Floor, 2006, pp. 74, 115.

71 Floor, 2006, p. 74.

72 リンスホーテン(岩生ほか訳)、1968年、117・539頁。

73 Teixeira (trans. Sinclair), 1967, p. 176.

74 Silva y Figueroa (trans. Turley), 2017, p. 625.

75 Linschoten, 1956, vol. 2, pp. 161-162. リンスホーテン(岩生ほか訳)、1968年、539頁。

76 真珠や宝石などに関心を示さなかった数少ない民族が日本人である。リンスホーテン(岩生ほか訳)、1968年、255〜256頁を参照。

77 リンスホーテン(岩生ほか訳)、1968年、120頁。

78 Pyrard (trans. Gray), 2010, vol. 2, pp. 178-179 (note 1).

79 リンスホーテン(岩生ほか訳)、1968年、566〜567頁。

80 「ラリン銀貨」については、次を参照。*Encyclopaedia of Islam*, new ed., s. v. "Larin"; de Silva, G. P. S. H., 2000, p. 78.

81 de Silva, G. P. S. H., 2000, p. 71.

82 Teixeira (trans. Sinclair), 1967, p. 241.

83 バロス(生田ほか訳)、1981年、第2巻416頁。

84 リンスホーテン(岩生ほか訳)、1968年、120・341頁。

85 Pyrard (trans. Gray), 2010, vol. 2, p. 239.

86 Pyrard (trans. Gray), 2010, vol. 2, p. 261.

87 リンスホーテン(岩生ほか訳)、1968年、120頁。Teixeira (trans. Sinclair), 1967, p. 266.

88 リンスホーテン(岩生ほか訳)、1968年、292頁。

89 Pyrard (trans. Gray), 2010, vol. 2, p. 174.

90 de Silva, G. P. S. H., 2000, p. 78.

91 バロス(生田ほか訳)、1980年、第1巻119頁。*Encyclopaedia of Islam*, new ed., s. v. "Hurmuz"; Vosoughi, 2009, pp. 92-95.

92 Tavernier, 1976, vol. 1, p. 191.

93 フスタ船は両舷に櫂《かい》がつき、大砲を備えた小型帆船。南蛮船としても知られている。

94 LPC, ff. 36v-37r. 生田、2001年、41頁。

95 高瀬、2006年、50頁。Teles e Cunha, 2009, pp. 215-216.

96 Fernandes, 2009, pp. 12, 16-18; Carter, 2012, pp. 71-76.

97 バロス(生田ほか訳)、1981年、第2巻413頁。

98 テラダ船は帆と櫂をもつ船のことで、真珠採取船としても使われた。

99 「アッバーシー」はサファヴィー朝の銀貨で、約100レイス。Barbosa (ed. Dames) 1967, p. 99 (note 1). なお、デイムズが注釈した19世紀初めのバルボザの英訳書は誤訳が多いため、本書では本文は参照していない。

100 ブリガンティン船は2本マストの小型の帆船。

101 Tavernier, 1976, vol. 2, p. 108.

102 Tavernier, 1976, vol. 1, p. 191.

103 ピアスン(生田訳)、1984年、62〜70頁。

104 Fernandes, 2009, pp. 12-13. シャルダン(佐々木ほか訳)、1993年、510〜511頁。シャルダン(岡田訳)、1997年、85頁。

105 Subrahmanyam, 1994, pp. 76, 156; Floor, 2006, p. 90; Floor and Hakimzadeh, 2007, p. xi; Teles e Cunha, 2009, pp. 213, 225.

106 Newitt, 2005, p. 113.

107 Subrahmanyam, 1994, p. 191. フランク(山下訳)、2000年、173〜174頁。

108 Vosoughi, 2009, p. 98.

109 ショーニュについては、ウォーラーステイン(川北訳)、2013年、第1巻396〜397頁(註133)を参照。Chaudhuri, 1982, p. 395.

110 フランク(山下訳)、2000年、246〜247頁。

111 Pyrard (trans. Gray), 2010, vol. 2, p. 242.

112 「カザド」は「妻帯者」の意味。

113 Pires, 1978, p. 441. ピレス(生田ほか訳)、1966年、495頁。

114 リンスホーテン(岩生ほか訳)、1968年、342・343(註10)・566〜567頁。「ヴェネツィアンデル」は約600レイスに相当する。ゼッキーノ金貨と考えられている。

115 Donkin, 1998, pp. 254-255.

116 リンスホーテン(岩生ほか訳)、1968年、120〜121頁。

117 Floor, 2006, pp. 61-66; Vosoughi, 2009, pp. 93-97; Teles e Cunha, 2009, p. 221.

118 *Encyclopaedia of Islam*, new ed., "Ḥalab"; Teixeira (trans. Sinclair), 1967, pp. 118-119.

119 Teixeira (trans. Sinclair), 1967, pp. 30, 115.

120 Federici (Fredericke), 1965, vol. 5, p. 373; Pearson, 1987, p. 50.

4章　マンナール湾の真珠採り潜水夫とイエズス会

1 Velho, 1969, p. 87.

2 Barbosa, 1989, pp. 128-129.

3 ロドリーゲス(池上ほか訳)、1970年、下巻278〜279頁。

4 マンナール湾の真珠史研究については、Arunachalam, 1952, pp. 87-117; de Silva, C. R., 1978, pp. 14-28; Mahroof, 1992, pp. 109-114; Subrahmanyam, 1996, pp. 134-172; Stephen, 1998, pp. 60-91; Vink, 2016, pp. 230-240 を参照。

5 Donkin, 1998, pp, 157-158.

6 Herdman, 1903, vol. 1, p. 5.

7 "Chart Shewing the Positions of the Pearl Banks of Ceylon and Tuticorin" in Steuart, 1843.

8 "Chart Shewing the Positions of the Pearl Banks of Ceylon and Tuticorin."

9 Cordiner, 1807, pp. 36-78. 山田、2013年、108〜114頁。

10 Botelho, 1976, p. 244; Valentijn (trans. Arasaratnam), 1978, p. 126.

11 "Chart Shewing the Positions of the Pearl Banks of Ceylon and Tuticorin."

12 パラヴァスについては、次を参照。Chitty, 1837, pp. 130-134; Thurston, 1975, s. v. "Paravan," vol. 6, pp. 140-155; Dalgado, 1988, s. v. "Paravás," vol. 2, pp. 172-173; Kaufmann, 1981, pp. 203-234; Roche, 1984, pp. 1-56; Vink, 2002, pp. 64-98; Yadav,

2009, s. v. "Paravas," vol. 4, pp. 1108-1115.

13 Chitty, 1837, pp. 130-134; Thurston, 1975, vol. 6, p. 147.

14 蔀訳、2016年、第２巻30頁。「コルカイ」は、ギリシア語文献で「コルコイ」と記されている。

15 Schurhammer (trans. Costelloe), 1977, vol. 2, p. 396.

16 辛島、1988年、91〜94頁。家島、1993年、162頁。

17 マラッカーヤルについては、次を参照。Thurston, 1975, s. v. "Marakkāyar," vol. 5, pp. 1-5; *The Encyclopaedia of Islam*, new ed., s. v. "Labbai." ラッバイの箇所でマラッカーヤルが解説されている。

18 ラッバイについては、次を参照。Thurston, 1975, s. v. "Labbai," vol. 4, pp. 198-205; Yule and Burnell, 1903, s. v. "Lubbye, Lubbee"; Kunz and Stevenson, 2001, p. 113; *The Encyclopaedia of Islam*, new ed., s. v. "Labbai"; Yadav, 2009, s. v. "Labbay," vol. 3, pp. 886-887.

19 カレアスについては、次を参照。Thurston, 1975, s. v. "Karaiyān," vol. 3, p. 250; Dalgado, 1988, s. v. "Careás, caroás," vol. 1, p. 216; Schurhammer (trans. Costelloe), 1977, vol. 2, pp. 207-208, 307, 311-318, 415.

20 Schurhammer (trans. Costelloe), 1977, vol. 2, p. 298 (note 116).

21 Rasanayagam, 1984, pp. 326-358; Natesan, 1960, pp. 691-702; de Silva, K. M., 1981, pp. 84-85. イブン・バットゥータ(家島訳)、2001年、第６巻299〜300頁(註５)。

22 Schurhammer (trans. Costelloe), 1977, vol. 2, p. 372.

23 イブン・バットゥータ(家島訳)、2001年、第６巻284頁。

24 Cordiner, 1807, vol. 2, p. 39; Kunz and Stevenson, 2001, p. 109.

25 スリランカのシンハラ王ブヴァネカ・バーフ１世は真珠の輸出に関心があったが、漁場をめぐってジャフナ王国と争っていた。彼は真珠や宝石取引などを拡大するために、エジプトのスルタンに外交使節を送ったことで知られている。Natesan, 1960, pp. 698-699. 家島、2006年、250〜278頁。潜水夫の必要性については、de Silva, C. R., ed., 2009, p. 43 を参照。

26 チェッティについては、次を参照。Thurston, 1975, s. v. "Chetti," vol. 2, pp. 91-97; Yule and Burnell, 1903, s. v. "Chetty"; Dalgado, 1988, s. v. "Chatim," vol. 1, pp. 265-267; Yadav, 2009, s. v. "Chettiar," vol. 2, pp. 566-568.

27 Barbosa, 1989, pp. 110-111, 128-130. バルボザの英訳書の注釈者デイムズによると、チェッティはマラバール地方でもタミル人であり続け、本質的に外国人であった。Barbosa (ed. Dames), 1967, vol. 2, p. 71 (note 1).

28 馬歓(馮承鈞校注)、1955年、41・47頁。

29 費信(馮承鈞校注)、1954年、31〜32・34頁。

30 費信(馮承鈞校注)、1954年、32〜34頁。

31 マーッピラについては、次を参照。Barbosa, 1989, pp. 111-112; Thurston, 1975, s. v. “Māppilla,” vol. 4, pp. 455-501; Yule and Burnell, 1903, s. v. “Moplah”; *The Encyclopaedia of Islam*, new ed., s. v. “Mappila.” 辛島編、2004年、194〜195頁。マラバールの平底船については、ピレス(生田ほか訳)、1966年、168頁を参照。

32 Barbosa, 1989, pp.158-160; Felner, ed., 1976, pp. 32-33.

33 Arunachalam, 1952, pp. 87-117; de Silva, C. R., 1978, pp. 14-28; Stephen, 1998, pp. 62-74.

34 Stephen, 1998, pp. 63, 66.

35 Stephen, 1998, pp. 64-65, 68.

36 ロドリーゲス(池上ほか訳)、1970年、下巻269頁。Arunachalam, 1952, p. 92; de Silva, C. R., 1978, p. 20; Roche, 1984, pp. 39-46, 54-56. 岸野、1998年、42頁。

37 “Epistola 19 (October 28, 1542)” in EX, vol. 1, p. 150. ザビエル(河野訳)、1985年、106頁。

38 Arunachalam, 1952, p. 98; Stephen, 1998, p. 65.

39 Arunachalam, 1952, p. 98; de Silva, C. R., 1978, pp. 20-21; Stephen, 1998, p. 72.

40 ボーロほか(高田訳)、2013年、489〜492頁。

41 Chitty, 1837, p. 132; Stephen, 1998, pp. 72-73.

42 Stephen, 1998, p. 73.

43 岸野、2015年、20〜53・77〜92頁。

44 岸野、2015年、23〜35頁。

45 Schurhammer (trans. Costelloe), 1977, vol. 2, pp. 293-294.

46 “Epistola 19 (October 28, 1542)” in EX, vol. 1, pp. 146-151. ザビエル(河野訳)、1985年、104〜108頁。

47 Schurhammer (trans. Costelloe), 1977, vol. 2, pp. 297-298, 347.

48 “Epistola 44 (November 10, 1544)” in EX, vol. 1, pp. 240-243. ザビエル(河野訳)、1985年、171〜172頁。

49 「真珠貝採取」の原文は *pescar chanquo*。「チャンク貝」(*chanquo*)はホラ貝であるが、文脈から二枚貝の真珠貝だったと考えられる。

50 シュールハンマーは、ザビエルは真珠採取の現場に行ったと考えている。Schurhammer (trans. Costelloe), 1977, vol. 2, p. 318 (note 283).

51 Valignano, 1975, vol. 8, p. 182. ヴァリニャーノ(高橋訳)、2005年、127頁。ロドリーゲス(池上ほか訳)、1970年、下巻279頁。

52 “Epistola 20 (January 15, 1544)” in EX, vol. 1, p. 168. ザビエル(河野訳)、1985年、115頁。Schurhammer (trans. Costelloe), 1977, vol. 2, p. 321.

53 “Epistola 24 (March 27, 1544)” in EX, vol. 1, p. 196. ザビエル(河野訳)、1985年、131頁。

54 “Epistola 64 (February 1548)” in EX, vol. 1, pp. 433-435. ザビエル（河野訳）、1985年、309～310頁。

55 “Epistola 64 (February 1548)” in EX, vol. 1, p. 435.

56 岸野、1998年、38～59頁。Vink, 2002, p. 71.

57 Schurhammer (trans. Costelloe), 1977, vol. 2, pp. 347-348; Stephen, 1998, pp. 68-71, 282-283; Vink, 2002, p. 69; Vink, 2016, p. 237.

58 Stephen, 1998, p. 70.

59 Valignano, 1975, vol. 8, pp. 184-185. ヴァリニャーノ（高橋訳）、2005年、129～130頁。Stephen, 1998, p. 77.

60 Valignano, 1975, vol. 8, p. 182.

61 ヴァリニャーノ（高橋訳）、2005年、127～128頁。

62 Vink, 2002, p. 69; Vink, 2016, p. 237.

63 Arunachalam, 1952, pp, 101-104; de Silva, C. R., 1978, p. 22; Stephen, 1998, p, 283; Vink, 2002, pp. 70-71.

64 ヴァリニャーノ（高橋訳）、2005年、128頁。

65 Kaufmann, 1981, p. 205.

66 アコスタ（青木訳）、1992年、92・125～126頁。齋藤、2002年、106～107頁。

67 ロドリーゲス（池上ほか訳）、1967年、上巻77頁。

68 “Epistola 46 (January 20, 1545)” in EX, vol. 1, pp. 248-255. ザビエル（河野訳）、1985年、181頁。

69 テュヒレほか（上智大学中世思想研究所訳）、1997年、第5巻36～38頁。

70 Stephen, 1998, p. 76.

71 Valignano, 1975, vol. 8, pp. 183-184. ヴァリニャーノ（高橋訳）、2005年、128～129頁。

72 Stephen, 1998, p. 77.

73 Orta, 1987, vol. 2, p. 120.

74 Teixeira (trans. Sinclair), 1967, p. 178; Subrahmanyam, 1996, p. 143.

75 de Silva, C. R., ed., 2009, pp. 55-56.

76 de Silva, C. R., ed., 2009, p. 43.

5章　マンナール湾の真珠の大規模採取

1 Abeyasinghe, 2005, pp. 1-16; de Silva, C. R., and Pathmanathan, 1995, pp. 105-121; de Silva, C. R., ed., 2009, pp. xviii, 109-127.

2 Schurhammer (trans. Costelloe), 1977, vol. 2, p. 303 (note 143).

3 Valignano, 1975, vol. 8, p. 183. ヴァリニャーノ（高橋訳）、2005年、128頁。Abeyasinghe, 2005, p. 7.

4 Abeyasinghe, 1974, p. 8.

5 LPC, fol. 52 r.; Abeyasinghe, 2005, pp. 6-7. この一次文献(LPC)の正式な名称は『ポルトガル王室がインド各地に有する諸都市、諸要塞、およびそれらの長官職、そのほかの役職、およびそれらの経費に関する報告書』である。この報告書については、生田、2001年、15〜50頁、高瀬、2006年、39〜47頁を参照。

6 Arunachalam, 1952, pp. 113-114; Schurhammer (trans. Costelloe), 1977, vol. 2, p. 313.

7 "Epistola 48 (January 27, 1545)" in EX, 1944, vol. 1, pp. 274-275. ザビエル(河野訳)、1985年、191頁。Schurhammer (trans. Costelloe), 1977, vol. 2, p. 460.

8 "Epistola 48 (January 27, 1545)" in EX, 1944, vol. 1, pp. 274-275. ザビエル(河野訳)、1985年、191頁。Schurhammer (trans. Costelloe), 1977, vol. 2, pp. 471-472, 483-484, 547, 551-553.

9 "Epistola 50 (April 7, 1545)" and "Epistola 51 (May 8, 1545)" in EX, 1944, vol. 1, pp. 284-285, 291-292. ザビエル(河野訳)、1985年、200〜201・205〜206頁。

10 Schurhammer (trans. Costelloe), 1977, vol. 2, p. 303 (note 143).

11 Valignano, 1975, vol. 8, p. 185. ヴァリニャーノ(高橋訳)、2005年、130〜131頁。

12 真珠の大規模採取については、次の文献を参照。Schurhammer (trans. Costelloe), 1977, vol. 2, pp. 311-321; Arunachalam, 1952, pp. 98-101; Subrahmanyam, 1996, p. 138. 山田、2013年、108〜114頁。

13 Pissurlencar, 1951, p. 359; Abeyasinghe, 1974, p. 4.

14 LPC, fol. 52 r.

15 Federici (Fredericke), 1965, vol. 5, pp. 395-396.

16 LPC, fol. 52 r.

17 リンスホーテン(岩生ほか訳)、1968年、539頁。

18 ペレスの文献については、岸野、1998年、302頁を参照。テイシェイラは1隻には60〜80人が乗っていたと述べているが、すべての船がそのような規模ではなかったと思われる。Teixeira (trans. Sinclair), 1967, pp. 177-178.

19 Federici (Fredericke), 1965, vol. 5, p. 396.

20 Cordiner, 1807, vol. 2, pp. 51-52, 74-75. 山田、2013年、110頁。

21 Teixeira (trans. Sinclair), 1967, p. 179.

22 Federici (Fredericke), 1965, vol. 5, p. 397.

23 Ribeiro, 1989, p. 56.

24 Federici (Fredericke), 1965, vol. 5, pp. 396-397.

25 山田、2013年、110〜111頁。

26 Cordiner, 1807, vol. 2, pp. 58-60. 山田、2013年、111〜112頁。

27 Federici (Fredericke), 1965, vol. 5, p. 396.

28 LPC, fol. 52 v.

29 リンスホーテン(岩生ほか訳)、1968年、539頁。Tavernier (trans. Ball), 1976, vol. 2, pp. 118-119.

30 「ファナン」は、ポルトガル来航以前からインド世界で流通していた小口金貨。１ファナンの価値は一定ではなく、10〜30レイス程度。de Silva, G. P. S. H., 2000, p. 78.

31 Pissurlencar, 1951, p. 359; Abeyasinghe, 1974, p. 5.

32 リンスホーテン(岩生ほか訳)、1968年、541〜542頁。

33 Linschoten, 1956, vol. 2, p. 162. 原文の *perolen* は、ドイツ語の *perlen* とポルトガル語の *perolas* が混同されたと思われる。

34 「パルダウ」は、ヴィジャヤナガル王国などの南インドで流通していた現地金貨で、300レイスに相当する。de Silva, G. P. S. H., 2000, p. 79.

35 Pissurlencar, 1951, p. 483.

36 Pissurlencar, 1951, pp. 479-480; Abeyasinghe, 1974, p. 5.

37 Abeyasinghe, 1974, p. 5; de Silva, C. R., 1978, p. 27.

38 LPC, fol. 52 v.

39 Teixeira (trans. Sinclair), 1967, p. 178.

40 Teixeira (trans. Sinclair), 1967, p. 179.

41 家島、1993年、７〜28頁。家島、2006年、11・17〜30頁。

42 Teixeira (trans. Sinclair), 1967, p. 179.

43 Federici (Fredericke), 1965, vol. 5, p. 397.

44 Valentijn (trans. Arasaratnam), 1978, p. 139; de Silva, K. M., 1981, p. 121; Vink, 2002, pp. 72-76.

45 Cordiner, 1807, vol. 2, p. 45; Arunachalam, 1952, pp. 118-149: Arasaratnam, 1996, pp. 27-29; Subrahmanyam, 1996, pp. 145-153; Vink, 2002, pp. 77-80.

46 マンナール湾の真珠採取はオランダ以後はイギリスの支配を受けたが、スブラフマニヤムは、その移行は会社支配の真珠採取から国家支配の真珠採取だったと論じている。しかし、すでにポルトガル時代に国家関与の真珠採取業が存在したのである。Subrahmanyam, 1996, pp. 145-169.

６章　真珠のグローバル市場ゴアの誕生

1 16〜17世紀のゴアの真珠市場・宝石市場については、次を参照。Teles e Cunha, 2001; Winius, 2001.

2 Orta, 1987.

3 リンスホーテン(岩生ほか訳)、1968年、35〜36頁(解説)。

4 Orta, 1987, vol. 2, pp. 119-124.

5 Orta, 1987, vol. 2, p. 121.
6 Orta, 1987, vol. 2, p. 119.
7 Orta, 1987, vol. 2, p. 120.
8 Orta, 1987, vol. 2, p. 120.
9 Kunz and Stevenson, 2001, pp. 212-221.
10 モルガ(神吉ほか訳)、1966年、325頁。
11 Orta, 1987, vol. 2, p. 120.
12 Schafer, 1952, pp. 155-168; Donkin, 1998, pp. 198-203.
13 小川、1969年、21・31・36頁。
14 Pinto, 1988, pp. 121-123. ピント(岡村訳)、1979年、140〜143頁。
15 Pires, 1978, pp. 360-361, 366. ピレス(生田ほか訳)、1966年、238・244頁。
16 Teixeira (trans. Sinclair), 1967, p. 179.
17 Orta, 1987, vol. 2, pp. 120-121.
18 Silva y Figueroa (trans, Turley), 2017, p. 626.
19 Orta, 1987, vol. 2, p. 121.
20 Donkin, 1998, pp. 329-330.
21 Orta, 1987, vol. 2, pp. 120-121.
22 Landman et al., 2001, pp. 29, 33, 37.
23 Winius, 2001, pp. 22, 29-31; Carter, 2012, p. 83.
24 Tavernier (trans. Ball), 1976, vol. 2, pp. 121-122.
25 高瀬、2006年、66頁。
26 Boyajian, 1993, p. 79; Donkin, 1998, pp. 333-334, 平山、2012年、44〜46頁。李、2015年、189頁。
27 リンスホーテン(岩生ほか訳)、1968年、544〜545頁。
28 リンスホーテン(岩生ほか訳)、1968年、134・547〜549頁。
29 国立科学博物館ほか、2022年、28〜29頁。
30 ポーロ(高田訳)、2013年、445・451頁。パイス(浜口訳)、1984年、258頁。リンスホーテン(岩生ほか訳)、1968年、544頁。
31 Teles e Cunha, 2001, p. 291; Winius, 2001, pp. 16, 23.
32 Tavernier (trans. Ball), 1976, vol. 2, p. 113; Winius, 2001, p. 22; Boyajian, 1993, pp. 49-50.
33 Tavernier (trans. Ball), 1976, vol. 2, p. 121.
34 Winius, 2001, p. 22.
35 重松訳、1984年、420〜424頁。
36 パイス(浜口訳)、1984年、248〜249・270〜271・276・280〜281・293頁。
37 Tavernier (trans. Ball), 1976, vol. 2, p. 113.

38 Orta, 1987, vol. 2, p. 121.

39 ポーロ(高田訳)、2013年、446・452・460頁。

40 バーブル(間野訳注)、1998年、439頁。

41 Pyrard (trans. Gray), 2010, vol. 2, p. 251.

42 リンスホーテン(岩生ほか訳)、1968年、277・326・353・356・566〜567頁。

43 Teles e Cunha, 2001, p. 279; Boyajian, 1993, pp. 38-40.

44 Souza, 1986; Newitt, 2005, pp. 190-191. 平山、2012年、27・42〜44頁。

45 リンスホーテン(岩生ほか訳)、1968年、223頁。Donkin, 1998, pp. 215-228.

46 中嶋編、2006年、漢文88〜90頁、訳文413〜415頁。

47 メンドーサ(長南ほか訳)、1965年、558〜559頁。

48 岡、2010年、25〜92頁。

49 フリン(秋田ほか編)、2010年、44頁。

50 バニヤン商人については、次を参照。Yule and Burnell, 1903, s. v. "Banyan"; Dalgado, 1988, s. v. "Baneanes, banianes," vol. 1, pp. 93-95. ピアスン(生田訳)、1984年、42〜43・149〜190頁。長島、1982年、707~740頁。Habib, 1990, pp. 379-391, Clarence-Smith, 2019, pp. 36-37.

51 Clarence-Smith, 2019, p. 36.

52 Dalgado, 1988, vol. 1, pp. 93-94; Habib, 1990, p. 380; Clarence-Smith, 2019, p. 36.

53 Pires, 1978, p. 195. ピレス(生田ほか訳)、1966年、108頁。Barbosa, 1989, pp. 34-36.

54 関西学院大学キリスト教と文化研究センター、2013年、145〜146頁。真珠を得るには真珠貝を殺すが、ジャイナ教徒の真珠商たちは、彼らは直接貝の死に関与していないとして、この問題を避けている。Clarence-Smith, 2019, p. 36 を参照。

55 Habib, 1990, p. 380.

56 リンスホーテン(岩生ほか訳)、1968年、331・353頁。

57 ブラフマンはバラモンのことで、ヒンドゥー教社会の司祭階級だが、商人も存在した。

58 Pyrard (trans. Gray), 2010, vol. 2, pp. 249-250.

59 リンスホーテン(岩生ほか訳)、1968年、545頁。

60 Disney, 1989, p. 66.

61 Pires, 1978, p. 202. ピレス(生田ほか訳)、1966年、116頁。

62 ピアスン(生田訳)、1984年、166頁。

63 Pyrard (trans. Gray), 2010, vol. 2, pp. 245-249.

64 リンスホーテン(岩生ほか訳)、1968年、549頁。Boyajian, 1993, pp. 49-50.

65 リンスホーテン(岩生ほか訳)、1968年、326頁。

66 Teixeira (trans. Sinclair), 1967, p. 116; Donkin, 1998, pp. 129, 132, 137-138, 250.

67 Kunz and Stevenson, 2001, pp. 109, 121-122.

68 リンスホーテン(岩生ほか訳)、1968年、289・309頁。
69 Pyrard (trans. Gray), 2010, vol. 2, pp. 61-62.
70 Boyajian, 1993, pp. 39, 48-49.
71 リンスホーテン(岩生ほか訳)、1968年、83・637〜638頁。「レイス」はポルトガルの貨幣単位「レアル」の複数形。3章註68を参照。
72 リンスホーテンによると、当時の下級兵士の3カ月分の給料は7パルダウであった。1パルダウを300レイスとすると、1カ月分の給料は700レイスで、10万レイスは約143カ月分となるとなる。リンスホーテン(岩生ほか訳)、1968年、295頁。
73 リンスホーテン(岩生ほか訳)、1968年、277頁。
74 リンスホーテン(岩生ほか訳)、1968年、277・326頁。

7章　三大真珠生産圏の比較とゴア市場

1 ウォーラーステイン(川北訳)、2013年、第1巻375頁。フランク(山下訳)、2000年、313〜314頁。
2 フランク(山下訳)、2000年、314頁。
3 Pearson, 1987, pp. 77-78.
4 Chaudhuri, 1982, pp. 195-196; Subrahmanyam, 1994, pp. 197-198. フランク(山下訳)、2000年、162頁。

終章　ヨーロッパの「真珠の時代」

1 Kunz and Stevenson, 2001, p. 473. 千足監修、1992年、138頁。渡辺、2008年、260〜265頁。
2 国立科学博物館ほか、2022年、59頁。
3 東京都庭園美術館、2016年、104・107・168〜169頁。
4 東京都庭園美術館、2016年、169頁。
5 東京都庭園美術館、2016年、169頁。
6 Kunz and Stevenson, 2001, pp. 453-454.
7 東京都庭園美術館、2016年、169頁。
8 東京都庭園美術館、2016年、88〜89・164頁。
9 国立科学博物館ほか、2022年、59・62頁。
10 東京都庭園美術館、2016年、164頁。
11 ローリ(平野訳)、1985年、479・481頁。Lovera, 1991, pp. 337-351.
12 Arnold, 1988, pp. 42-47.
13 Arnold, 1988, p. 46.
14 Arnold, 1988, p. 191.
15 Kunz and Stevenson, 2001, p. 25.

16 Kunz and Stevenson, 2001, p. 26.

17 「ドゥカート」はイタリアの金貨。第2章註17を参照。

18 Kunz and Stevenson, 2001, p. 26.

19 Kunz and Stevenson, 2001, pp. 26-27.

20 Kunz and Stevenson, 2001, p. 27.

21 ウォーラーステイン(川北訳)、2013年、第1巻374頁。

22 Pearson, 1987, p. 42.

23 ウォーラーステイン(川北訳)、2013年、第1巻32頁。

24 Winius, 2001, p. 15.

本書の表紙は、「東洋がその財宝をブリタニアに献上する」というタイトルの一八世紀のイギリス東インド会社本部の天井画である。本書のテーマの時代とは少し異なるが、真珠を求めたヨーロッパ人の思いが象徴的に描かれているために使用した。本書は最初から読むのもよいが、終章で真珠ファッションを堪能してから読んでいただくのもお勧めである。本書でヨーロッパ人の真珠へのあくなき執着とそれによって変貌した真珠の産地の歴史、そうした歴史のダイナミズムと面白さを実感していただければ、筆者として格別の喜びである。

本書を読んで下さったすべての方に感謝いたします。

二〇二二年八月

山田　篤美

山田 篤美　やまだ あつみ

文学博士(大阪大学)、歴史研究者(真珠史、ベネズエラ史、美術史ほか)
京都大学卒業、オハイオ州立大学大学院修士課程修了
大同生命地域研究特別賞(2021年)を受賞

〈主要著書〉

『真珠の世界史――富と野望の五千年』(中公新書、2013年)
『黄金郷《エルドラド》伝説――スペインとイギリスの探険帝国主義』(中公新書、2008年)
『ムガル美術の旅』(朝日新聞社、1997年)

〈主要論文〉

「天然真珠の大きさと出現率についての考察――アコヤ真珠の場合」(『宝石学会誌』 第35号、2021年)
「タージ・マハル・コンプレクスのプランについての新解釈及びアフマド・ヤサヴィー廟における終末的シンボリズム」(『アジア・アフリカ言語文化研究』第63号、2002年)
“The Eschatological Symbolism of the Aḥmad Yasawī Shrine (in English and Russian),” *Vestnik*, (Almaty, Kazakhstan: The Kazakhstan Main Architectural-Building Academy), vol. 2, no. 6, 2002

写真提供（数字はページ数。下記以外は本文に記載しています。）
ユニフォトプレス　カバー裏，口絵④，28，69，190
PPS 通信社　口絵①・③・⑤～⑪，30，109，147，198，225，227，228，232

真珠《しんじゅ》と大航海時代《だいこうかいじだい》——「海《うみ》の宝石《ほうせき》」の産業《さんぎょう》とグローバル市場《しじょう》——

2022年11月10日　第1版第1刷印刷　　2022年11月20日　第1版第1刷発行
著　者　山田篤美《やまだあつみ》
発行者　野澤武史
発行所　株式会社　山川出版社
〒101-0047　東京都千代田区内神田1-13-13
電話　03(3293)8131（営業）　03(3293)8135（編集）
https://www.yamakawa.co.jp/　振替　00120-9-43993
印刷所　株式会社　プロスト
製本所　株式会社　ブロケード
装　幀　長田年伸

ISBN978-4-634-64098-6